国家出版基金项目
NATIONAL PUBLICATION FOUNDATION

"十二五"国家重点出版规划项目
雷达与探测前沿技术丛书

无源探测定位技术

Technology of Passive Detection Location

郁涛 著

国防工业出版社

·北京·

内 容 简 介

本书研究了多站程差定位方程的解析方法,揭示了相邻程差的等差特性和单基中点测向法,在此基础上研究了平面双站时差定位、虚拟扩展基线等若干新的定位方式;解决了固定单站纯方位目标运动参数的解析算法、固定单站多普勒直接测距和测速等工程应用问题;提出了多普勒－相位差测向法、正交频差测向法、辐射源信号波长的测频计算、机动目标速度的双机测量、利用位置未知的外辐射源实现双站无源定位等新方法。

本书还探索了无模糊相差定位问题,在推证获得无模糊相差变化率的多通道检测法的基础上给出了运动参数的无模糊相差测量方法,进而提出了基于无模糊相差变化率的测向、单站无模糊相差定位等方法。

本书可供从事电子对抗侦察以及从事雷达系统总体设计等相关工作的科研和工程技术人员参考,也可作为高等院校相关专业的教学参考书。

图书在版编目(CIP)数据

无源探测定位技术 / 郁涛著. —北京：国防工业出版社, 2017.12

(雷达与探测前沿技术丛书)

ISBN 978 – 7 – 118 – 11438 – 6

Ⅰ. ①无… Ⅱ. ①郁… Ⅲ. ①无源定位－研究 Ⅳ. ①TN971

中国版本图书馆 CIP 数据核字(2018)第 007830 号

※

*国防工业出版社*出版发行

(北京市海淀区紫竹院南路23号　邮政编码100048)

天津嘉恒印务有限公司印刷

新华书店经售

*

开本 710×1000　1/16　印张 13¾　字数 260 千字

2017 年 12 月第 1 版第 1 次印刷　印数 1—3000 册　定价 69.00 元

"雷达与探测前沿技术丛书"
编审委员会

总　序

雷达在第二次世界大战中初露头角。战后，美国麻省理工学院辐射实验室集合各方面的专家，总结战争期间的经验，于1950年前后出版了一套雷达丛书，共28个分册，对雷达技术做了全面总结，几乎成为当时雷达设计者的必备读物。我国的雷达研制也从那时开始，经过几十年的发展，到21世纪初，我国雷达技术在很多方面已进入国际先进行列。为总结这一时期的经验，中国电子科技集团公司曾经组织老一代专家撰著了"雷达技术丛书"，全面总结他们的工作经验，给雷达领域的工程技术人员留下了宝贵的知识财富。

电子技术的迅猛发展，促使雷达在内涵、技术和形态上快速更新，应用不断扩展。为了探索雷达领域前沿技术，我们又组织编写了本套"雷达与探测前沿技术丛书"。与以往雷达相关丛书显著不同的是，本套丛书并不完全是作者成熟的经验总结，大部分是专家根据国内外技术发展，对雷达前沿技术的探索性研究。内容主要依托雷达与探测一线专业技术人员的最新研究成果、发明专利、学术论文等，对现代雷达与探测技术的国内外进展、相关理论、工程应用等进行了广泛深入研究和总结，展示近十年来我国在雷达前沿技术方面的研制成果。本套丛书的出版力求能促进从事雷达与探测相关领域研究的科研人员及相关产品的使用人员更好地进行学术探索和创新实践。

本套丛书保持了每一个分册的相对独立性和完整性，重点是对前沿技术的介绍，读者可选择感兴趣的分册阅读。丛书共41个分册，内容包括频率扩展、协同探测、新技术体制、合成孔径雷达、新雷达应用、目标与环境、数字技术、微电子技术八个方面。

（一）雷达频率迅速扩展是近年来表现出的明显趋势，新频段的开发、带宽的剧增使雷达的应用更加广泛。本套丛书遴选的频率扩展内容的著作共4个分册：

（1）《毫米波辐射无源探测技术》分册中没有讨论传统的毫米波雷达技术，而是着重介绍毫米波热辐射效应的无源成像技术。该书特别采用了平方千米阵的技术概念，这一概念在用干涉式阵列基线的测量结果来获得等效大口径阵列效果的孔径综合技术方面具有重要的意义。

（2）《太赫兹雷达》分册是一本较全面介绍太赫兹雷达的著作，主要包括太赫兹雷达系统的基本组成和技术特点、太赫兹雷达目标检测以及微动目标检测技术，同时也讨论了太赫兹雷达成像处理。

（3）《机载远程红外预警雷达系统》分册考虑到红外成像和告警是红外探测的传统应用，但是能否作为全空域远距离的搜索监视雷达，尚有诸多争议。该书主要讨论用监视雷达的概念如何解决红外极窄波束、全空域、远距离和数据率的矛盾，并介绍组成红外监视雷达的工程问题。

（4）《多脉冲激光雷达》分册从实际工程应用角度出发，较详细地阐述了多脉冲激光测距及单光子测距两种体制下的系统组成、工作原理、测距方程、激光目标信号模型、回波信号处理技术及目标探测算法等关键技术，通过对两种远程激光目标探测体制的探讨，力争让读者对基于脉冲测距的激光雷达探测有直观的认识和理解。

（二）传输带宽的急剧提高，赋予雷达协同探测新的使命。协同探测会导致雷达形态和应用发生巨大的变化，是当前雷达研究的热点。本套丛书遴选出协同探测内容的著作共10个分册：

（1）《雷达组网技术》分册从雷达组网使用的效能出发，重点讨论点迹融合、资源管控、预案设计、闭环控制、参数调整、建模仿真、试验评估等雷达组网新技术的工程化，是把多传感器统一为系统的开始。

（2）《多传感器分布式信号检测理论与方法》分册主要介绍检测级、位置级（点迹和航迹）、属性级、态势评估与威胁估计五个层次中的检测级融合技术，是雷达组网的基础。该书主要给出各类分布式信号检测的最优化理论和算法，介绍考虑到网络和通信质量时的联合分布式信号检测准则和方法，并研究多输入多输出雷达目标检测的若干优化问题。

（3）《分布孔径雷达》分册所描述的雷达实现了多个单元孔径的射频相参合成，获得等效于大孔径天线雷达的探测性能。该书在概述分布孔径雷达基本原理的基础上，分别从系统设计、波形设计与处理、合成参数估计与控制、稀疏孔径布阵与测角、时频相同步等方面做了较为系统和全面的论述。

（4）《MIMO雷达》分册所介绍的雷达相对于相控阵雷达，可以同时获得波形分集和空域分集，有更加灵活的信号形式，单元间距不受$\lambda/2$的限制，间距拉开后，可组成各类分布式雷达。该书比较系统地描述多输入多输出（MIMO）雷达。详细分析了波形设计、积累补偿、目标检测、参数估计等关键技术。

（5）《MIMO雷达参数估计技术》分册更加侧重讨论各类MIMO雷达的算法。从MIMO雷达的基本知识出发，介绍均匀线阵，非圆信号，快速估计，相干目标，分布式目标，基于高阶累计量的、基于张量的、基于阵列误差的、特殊阵列结构的MIMO雷达目标参数估计的算法。

（6）《机载分布式相参射频探测系统》分册介绍的是MIMO技术的一种工程应用。该书针对分布式孔径采用正交信号接收相参的体制，分析和描述系统处理架构及性能、运动目标回波信号建模技术，并更加深入地分析和描述实现分布式相参雷达杂波抑制、能量积累、布阵等关键技术的解决方法。

（7）《机会阵雷达》分册介绍的是分布式雷达体制在移动平台上的典型应用。机会阵雷达强调根据平台的外形，天线单元共形随遇而布。该书详尽地描述系统设计、天线波束形成方法和算法、传输同步与单元定位等关键技术，分析了美国海军提出的用于弹道导弹防御和反隐身的机会阵雷达的工程应用问题。

（8）《无源探测定位技术》分册探讨的技术是基于现代雷达对抗的需求应运而生，并在实战应用需求越来越大的背景下快速拓展。随着知识层面上认知能力的提升以及技术层面上带宽和传输能力的增加，无源侦察已从单一的测向技术逐步转向多维定位。该书通过充分利用时间、空间、频移、相移等多维度信息，寻求无源定位的解，对雷达向无源发展有着重要的参考价值。

（9）《多波束凝视雷达》分册介绍的是通过多波束技术提高雷达发射信号能量利用效率以及在空、时、频域中减小处理损失，提高雷达探测性能；同时，运用相位中心凝视方法改进杂波中目标检测概率。分册还涉及短基线雷达如何利用多阵面提高发射信号能量利用效率的方法；针对长基线，阐述了多站雷达发射信号可形成凝视探测网格，提高雷达发射信号能量的使用效率；而合成孔径雷达（SAR）系统应用多波束凝视可降低发射功率，缓解宽幅成像与高分辨之间的矛盾。

（10）《外辐射源雷达》分册重点讨论以电视和广播信号为辐射源的无源雷达。详细描述调频广播模拟电视和各种数字电视的信号，减弱直达波的对消和滤波的技术；同时介绍了利用GPS（全球定位系统）卫星信号和GSM/CDMA（两种手机制式）移动电话作为辐射源的探测方法。各种外辐射源雷达，要得到定位参数和形成所需的空域，必须多站协同。

（三）以新技术为牵引，产生出新的雷达系统概念，这对雷达的发展具有里程碑的意义。本套丛书遴选了涉及新技术体制雷达内容的6个分册：

（1）《宽带雷达》分册介绍的雷达打破了经典雷达5MHz带宽的极限，同时雷达分辨力的提高带来了高识别率和低杂波的优点。该书详尽地讨论宽带信号的设计、产生和检测方法。特别是对极窄脉冲检测进行有益的探索，为雷达的进一步发展提供了良好的开端。

（2）《数字阵列雷达》分册介绍的雷达是用数字处理的方法来控制空间波束，并能形成同时多波束，比用移相器灵活多变，已得到了广泛应用。该书全面系统地描述数字阵列雷达的系统和各分系统的组成。对总体设计、波束校准和补偿、收/发模块、信号处理等关键技术都进行了详细描述，是一本工程性较强的著作。

（3）《雷达数字波束形成技术》分册更加深入地描述数字阵列雷达中的波束形成技术，给出数字波束形成的理论基础、方法和实现技术。对灵巧干扰抑制、非均匀杂波抑制、波束保形等进行了深入的讨论，是一本理论性较强的专著。

（4）《电磁矢量传感器阵列信号处理》分册讨论在同一空间位置具有三个磁场和三个电场分量的电磁矢量传感器，比传统只用一个分量的标量阵列处理能获得更多的信息，六分量可完备地表征电磁波的极化特性。该书从几何代数、张量等数学基础到阵列分析、综合、参数估计、波束形成、布阵和校正等问题进行详细讨论，为进一步应用奠定了基础。

（5）《认知雷达导论》分册介绍的雷达可根据环境、目标和任务的感知，选择最优化的参数和处理方法。它使得雷达数据处理及反馈从粗犷到精细，彰显了新体制雷达的智能化。

（6）《量子雷达》分册的作者团队搜集了大量的国外资料，经探索和研究，介绍从基本理论到传输、散射、检测、发射、接收的完整内容。量子雷达探测具有极高的灵敏度，更高的信息维度，在反隐身和抗干扰方面优势明显。经典和非经典的量子雷达，很可能走在各种量子技术应用的前列。

（四）合成孔径雷达(SAR)技术发展较快，已有大量的著作。本套丛书遴选了有一定特点和前景的5个分册：

（1）《数字阵列合成孔径雷达》分册系统阐述数字阵列技术在SAR中的应用，由于数字阵列天线具有灵活性并能在空间产生同时多波束，雷达采集的同一组回波数据，可处理出不同模式的成像结果，比常规SAR具备更多的新能力。该书着重研究基于数字阵列SAR的高分辨力宽测绘带SAR成像、极化层析 SAR 三维成像和前视 SAR 成像技术三种新能力。

(2)《双基合成孔径雷达》分册介绍的雷达配置灵活,具有隐蔽性好、抗干扰能力强、能够实现前视成像等优点,是 SAR 技术的热点之一。该书较为系统地描述了双基 SAR 理论方法、回波模型、成像算法、运动补偿、同步技术、试验验证等诸多方面,形成了实现技术和试验验证的研究成果。

(3)《三维合成孔径雷达》分册描述曲线合成孔径雷达、层析合成孔径雷达和线阵合成孔径雷达等三维成像技术。重点讨论各种三维成像处理算法,包括距离多普勒、变尺度、后向投影成像、线阵成像、自聚焦成像等算法。最后介绍三维 MIMO-SAR 系统。

(4)《雷达图像解译技术》分册介绍的技术是指从大量的 SAR 图像中提取与挖掘有用的目标信息,实现图像的自动解译。该书描述高分辨 SAR 和极化 SAR 的成像机理及相应的相干斑抑制、噪声抑制、地物分割与分类等技术,并介绍舰船、飞机等目标的 SAR 图像检测方法。

(5)《极化合成孔径雷达图像解译技术》分册对极化合成孔径雷达图像统计建模和参数估计方法及其在目标检测中的应用进行了深入研究。该书研究内容为统计建模和参数估计及其国防科技应用三大部分。

(五)雷达的应用也在扩展和变化,不同的领域对雷达有不同的要求,本套丛书在雷达前沿应用方面遴选了 6 个分册:

(1)《天基预警雷达》分册介绍的雷达不同于星载 SAR,它主要观测陆海空天中的各种运动目标,获取这些目标的位置信息和运动趋势,是难度更大、更为复杂的天基雷达。该书介绍天基预警雷达的星星、星空、MIMO、卫星编队等双/多基地体制。重点描述了轨道覆盖、杂波与目标特性、系统设计、天线设计、接收处理、信号处理技术。

(2)《战略预警雷达信号处理新技术》分册系统地阐述相关信号处理技术的理论和算法,并有仿真和试验数据验证。主要包括反导和飞机目标的分类识别、低截获波形、高速高机动和低速慢机动小目标检测、检测识别一体化、机动目标成像、反投影成像、分布式和多波段雷达的联合检测等新技术。

(3)《空间目标监视和测量雷达技术》分册论述雷达探测空间轨道目标的特色技术。首先涉及空间编目批量目标监视探测技术,包括空间目标监视相控阵雷达技术及空间目标监视伪码连续波雷达信号处理技术。其次涉及空间目标精密测量、增程信号处理和成像技术,包括空间目标雷达精密测量技术、中高轨目标雷达探测技术、空间目标雷达成像技术等。

（4）《平流层预警探测飞艇》分册讲述在海拔约20km的平流层，由于相对风速低、风向稳定，从而适合大型飞艇的长期驻空，定点飞行，并进行空中预警探测，可对半径500km区域内的地面目标进行长时间凝视观察。该书主要介绍预警飞艇的空间环境、总体设计、空气动力、飞行载荷、载荷强度、动力推进、能源与配电以及飞艇雷达等技术，特别介绍了几种飞艇结构载荷一体化的形式。

（5）《现代气象雷达》分册分析了非均匀大气对电磁波的折射、散射、吸收和衰减等气象雷达的基础，重点介绍了常规天气雷达、多普勒天气雷达、双偏振全相参多普勒天气雷达、高空气象探测雷达、风廓线雷达等现代气象雷达，同时还介绍了气象雷达新技术、相控阵天气雷达、双/多基地天气雷达、声波雷达、中频探测雷达、毫米波测云雷达、激光测风雷达。

（6）《空管监视技术》分册阐述了一次雷达、二次雷达、应答机编码分配、S模式、多雷达监视的原理。重点讨论广播式自动相关监视（ADS-B）数据链技术、飞机通信寻址报告系统（ACARS）、多点定位技术（MLAT）、先进场面监视设备（A-SMGCS）、空管多源协同监视技术、低空空域监视技术、空管技术。介绍空管监视技术的发展趋势和民航大国的前瞻性规划。

（六）目标和环境特性，是雷达设计的基础。该方向的研究对雷达匹配目标和环境的智能设计有重要的参考价值。本套丛书对此专题遴选了4个分册：

（1）《雷达目标散射特性测量与处理新技术》分册全面介绍有关雷达散射截面积（RCS）测量的各个方面，包括RCS的基本概念、测试场地与雷达、低散射目标支架、目标RCS定标、背景提取与抵消、高分辨力RCS诊断成像与图像理解、极化测量与校准、RCS数据的处理等技术，对其他微波测量也具有参考价值。

（2）《雷达地海杂波测量与建模》分册首先介绍国内外地海面环境的分类和特征，给出地海杂波的基本理论，然后介绍测量、定标和建库的方法。该书用较大的篇幅，重点阐述地海杂波特性与建模。杂波是雷达的重要环境，随着地形、地貌、海况、风力等条件而不同。雷达的杂波抑制，正根据实时的变化，从粗犷走向精细的匹配，该书是现代雷达设计师的重要参考文献。

（3）《雷达目标识别理论》分册是一本理论性较强的专著。以特征、规律及知识的识别认知为指引，奠定该书的知识体系。首先介绍雷达目标识别的物理与数学基础，较为详细地阐述雷达目标特征提取与分类识别、知识辅助的雷达目标识别、基于压缩感知的目标识别等技术。

（4）《雷达目标识别原理与实验技术》分册是一本工程性较强的专著。该书主要针对目标特征提取与分类识别的模式，从工程上阐述了目标识别的方法。重点讨论特征提取技术、空中目标识别技术、地面目标识别技术、舰船目标识别及弹道导弹识别技术。

（七）数字技术的发展，使雷达的设计和评估更加方便，该技术涉及雷达系统设计和使用等。本套丛书遴选了3个分册：

（1）《雷达系统建模与仿真》分册所介绍的是现代雷达设计不可缺少的工具和方法。随着雷达的复杂度增加，用数字仿真的方法来检验设计的效果，可收到事半功倍的效果。该书首先介绍最基本的随机数的产生、统计实验、抽样技术等与雷达仿真有关的基本概念和方法，然后给出雷达目标与杂波模型、雷达系统仿真模型和仿真对系统的性能评价。

（2）《雷达标校技术》分册所介绍的内容是实现雷达精度指标的基础。该书重点介绍常规标校、微光电视角度标校、球载 BD/GPS（BD 为北斗导航简称）标校、射电星角度标校、基于民航机的雷达精度标校、卫星标校、三角交会标校、雷达自动化标校等技术。

（3）《雷达电子战系统建模与仿真》分册以工程实践为取材背景，介绍雷达电子战系统建模的主要方法、仿真模型设计、仿真系统设计和典型仿真应用实例。该书从雷达电子战系统数学建模和仿真系统设计的实用性出发，着重论述雷达电子战系统基于信号/数据流处理的细粒度建模仿真的核心思想和技术实现途径。

（八）微电子的发展使得现代雷达的接收、发射和处理都发生了巨大的变化。本套丛书遴选出涉及微电子技术与雷达关联最紧密的3个分册：

（1）《雷达信号处理芯片技术》分册主要讲述一款自主架构的数字信号处理（DSP）器件，详细介绍该款雷达信号处理器的架构、存储器、寄存器、指令系统、I/O 资源以及相应的开发工具、硬件设计，给雷达设计师使用该处理器提供有益的参考。

（2）《雷达收发组件芯片技术》分册以雷达收发组件用芯片套片的形式，系统介绍发射芯片、接收芯片、幅相控制芯片、波速控制驱动器芯片、电源管理芯片的设计和测试技术及与之相关的平台技术、实验技术和应用技术。

（3）《宽禁带半导体高频及微波功率器件与电路》分册的背景是，宽禁带材料可使微波毫米波功率器件的功率密度比 Si 和 GaAs 等同类产品高 10 倍，可产生开关频率更高、关断电压更高的新一代电力电子器件，将对雷达产生更新换代的影响。分册首先介绍第三代半导体的应用和基本知识，然后详细介绍两大类各种器件的原理、类别特征、进展和应用:SiC 器件有功率二极管、MOSFET、JFET、BJT、IBJT、GTO 等;GaN 器件有 HEMT、MMIC、E 模 HEMT、N 极化 HEMT、功率开关器件与微功率变换等。最后展望固态太赫兹、金刚石等新兴材料器件。

　　本套丛书是国内众多相关研究领域的大专院校、科研院所专家集体智慧的结晶。具体参与单位包括中国电子科技集团公司、中国航天科工集团公司、中国电子科学研究院、南京电子技术研究所、华东电子工程研究所、北京无线电测量研究所、电子科技大学、西安电子科技大学、国防科技大学、北京理工大学、北京航空航天大学、哈尔滨工业大学、西北工业大学等近 30 家。在此对参与编写及审校工作的各单位专家和领导的大力支持表示衷心感谢。

2017 年 9 月

前　言

　　采用被动接收方式的无源探测定位技术具有作用距离远、隐蔽接收、不易被敌方发觉等优点,能有效提高探测系统在电子战环境下的生存能力和作战能力。

　　几十年来,无源定位技术和系统的研究已取得了很大进展,尤其是在工程应用上,无源定位技术正处于一个技术逐渐成熟、研究逐步深入的阶段。但相对而言,因受制于学科自身某些特性的约束,无源定位技术在应用理论层面还缺乏创新性进展。本书汇集了作者在无源探测定位技术方面若干具有较大突破意义的研究结果。

　　1. 多站程差定位方程的解析分析及潜在的应用

　　对于平面多站定位问题,若在程差测量的基础上利用平面几何关系构造辅助方程,则可获得线性方程组。进一步,在解析解的基础上得到两个很有意义的结果:

　　(1) 对一维双基测向解进行简化分析得到一个长短基线都适用的单基中点测向式。

　　(2) 对一维双基测向解进行变量置换得到相邻程差之间存在的类似于等差级数的特性。

　　随后的探索研究表明,通过综合应用单基中点测向解和相邻程差等差特性,一是能实现平面双站时差定位,二是能虚拟扩展基线提高实测双站测向交叉定位精度。若仅利用单基中点测向法,则通过时差与角度之间的关系可实现双机时差定位,并能得到比平面三机协同时差定位更高的测量精度。

　　2. 无模糊相差定位

　　由于相差测量存在周期模糊性,所以在观测过程中获得的观测量包含未知的整周数差值,并且未知参量随几何观测量的改变而变化,因而直接从数学方程出发,相差定位方程是不可求解的。作者通过研究基于相差变化率的无相位模糊检测方法间接给出实现相差定位的方法。其中最重要的一个结果是发现在波长整周数差值差分和相差差分之间存在互为相关的跳变,并且基于这种跳变规律,在未知波长整周数差值的情况下,仅基于相差测量值即可求得相差变化率。事实上,诸多运动学定位参数都能转化为与相差变化率以及测向角相关的函数,因此,一旦相差变化率的测量能与未知的波长整周数差值无关,就意味着诸多运动学定位参数能通过无模糊相差测量而被确定。

　　3. 固定单站纯方位目标运动参数的解析方法

　　对固定单站纯方位目标运动参数的解析方法的研究已有 60 多年的历史,作者通过利用自时差测量方程以及简单的平面几何关系,且通过一次迭代计算消除计算过程中存在的病态特性,完整地给出了固定单站纯方位无源定位的解析计算公式。与此同时,采用纯几何方法,由目标的移动轨迹线方程和测站与目标间的方位线方程,研究得到了与时间参量的检测完全无关的目标航向角的解析表示式。

4. 双机对机动目标的位置和运动参数的实时探测方法

基于多普勒频移本身同时是位置和运动状态的函数的特性,通过综合应用测向和测频技术,并采用恰当的角度变换,给出了双机对机动目标的位置和运动参数的实时探测方法。

5. 无须知道任何基线长度的双机外辐射源协同定位法

给出了一种借助外辐射源的双机协同定位法。其显著的特点是既不需要知道探测站与辐射源之间的基线长度,也不需要知道双机之间的基线长度。

本书所采用的撰写方式具有如下基本特点:

(1) 以解析的方式分析问题。这里包括两种情况:一是仅以获取解析解的方式研究问题;二是对现有的非线性问题重新分析给出解析结果。若从数学演算的角度,则基于解析解即可按经典的误差理论进行较为简单的定位精度分析。若从研究探索的角度,则基于解析解更易于推证未知的新规律。

(2) 基于经典的几何方法求解问题。事实上这也是无源定位问题的一个基本特征:一方面面临的需求很棘手,许多问题往往难以解决,如单站纯方位观测问题已有近60年的研究历史;另一方面使用的数学方法十分狭窄,从本质上来看,仅是涉及初等数学知识,尤其是与测向方式相关的问题,并且如不善于利用经典的几何关系反而得不到简单有效的线性解。

本书作者从事无线电定位技术的研究源自于10年前一个与定位技术相关项目的申请,事实上,在此之前,作者并未做过任何与定位技术相关的研究工作,但并不因底子薄仅做表面文章,而是努力学习和研究,并在5年后,在是继续进行定位技术研究还是再次转行这两者之间,自我评估认为可能更适于做定位技术,然后做出了一个在今日有所收获的选择。在本书出版之际,衷心感谢中国航空无线电电子研究所对本书作者从事定位技术研究工作所给予的支持和帮助。

本书可供从事电子对抗侦察以及从事雷达系统总体设计等相关工作的科研和工程技术人员参考,也可作为高等院校相关专业的教学参考书。限于作者的研究水平,研究中所涉及的分析过程可能并不是十分完整的,甚至存在错误,希望读者批评指正。

著者

2017 年 6 月

目　录

第 **1** 章
双基程差定位方程的线性解

◤ 1.1 引 言

本章研究了二维平面上基于程差测量的无源定位方程的线性求解方法。在二维平面上基于程差测量的无源定位问题,一般需要利用至少三个或更多个测量站采集数据,以得到辐射源到各测量站之间的距离差,现有的方式是利用这些距离差构成一组关于辐射源位置的非线性双曲线方程组,并通过求解双曲线方程组得到辐射源的坐标位置[1-3]。

传统求解非线性方程组的方法是建立在迭代运算和线性化基础上的,且求解方法的精度较强地依赖于初始位置估计是否准确,当初始估计较差时,不一定能得到收敛解,同时这种估计方法的运算量也是很大的。此外,在定位解算过程中,由于双曲线(面)交叉有时会出现定位模糊,因此寻求去除定位模糊的方法也是需要解决的问题[4,5]。

本章研究结果表明,对于平面多站定位问题,若在程差测量的基础上进一步利用已有的平面几何关系构造辅助方程,即可直接获得解析解。

本章首先研究基本的一维双基阵列的定位解,然后给出二维平面上当三个站点任意布置时程差定位方程的解析算法。随后通过对一维直线阵列三站时差定位系统测量误差的详细分析,给出在站间基线长度不相等时测距和测向误差特性,并由此得出不等距布站也能有助于提高测距精度的结果。

显然,基本的一维双基阵列是多站点无源定位系统最基本的模型,本章在线性解的基础上得到了两个很有意义的结果:一是在对一维双基测向解进行简化分析的基础上得到一个长短基线都适用的单基中点测向式,由此为分析研究与长基线相关的问题提供了一个更完整和准确的数学描述;二是在对一维双基测向解进行变量置换的基础上,得到了相邻程差之间所存有的类似于等差级数的特性,由此揭示了几何参量之间的内在关联性。

第 5 章和第 7 章将表明,通过综合应用单基中点测向解和相邻程差等差特性,不仅能提高定位系统的精度,而且能获得新的定位方式。

1.2　一维双基直线阵的线性解

对于图 1.1 所示的一维双基直线阵,相邻两基线的程差分别为

$$\Delta r_i = r_i - r_{i+1} \tag{1.1}$$

$$\Delta r_{i+1} = r_{i+1} - r_{i+2} \tag{1.2}$$

如以整个阵列的中点为坐标原点,则由余弦定理可列出如下两个几何辅助方程:

$$r_i^2 = r_{i+1}^2 + d_i^2 - 2d_i r_{i+1} \cos(90° + \theta_{i+1})$$
$$= r_{i+1}^2 + d_i^2 + 2d_i r_{i+1} \sin\theta_{i+1} \tag{1.3}$$

$$r_{i+2}^2 = r_{i+1}^2 + d_{i+1}^2 - 2d_{i+1} r_{i+1} \cos(90° - \theta_{i+1})$$
$$= r_{i+1}^2 + d_{i+1}^2 - 2d_{i+1} r_{i+1} \sin\theta_{i+1} \tag{1.4}$$

式中:r 为径向距离;d 为基线长度;θ_{i+1} 为阵列中点的目标到达角。

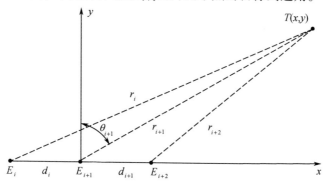

图 1.1　一维双基直线阵

因为 $x = r_{i+1} \sin\theta_{i+1}$,故式(1.3)和式(1.4)可分别改写为

$$r_i^2 = r_{i+1}^2 + d_i^2 + 2d_i x \tag{1.5}$$

$$r_{i+2}^2 = r_{i+1}^2 + d_{i+1}^2 - 2d_{i+1} x \tag{1.6}$$

式中:x 为笛卡儿坐标系的横坐标。

此时,若将式(1.1)和式(1.2)代入式(1.5)和式(1.6),则在移项整理后可得如下二元一次线性方程组:

$$2d_i x - 2\Delta r_i r_{i+1} = -d_i^2 + \Delta r_i^2 \tag{1.7}$$

$$2d_{i+1} x - 2\Delta r_{i+1} r_{i+1} = d_{i+1}^2 - \Delta r_{i+1}^2 \tag{1.8}$$

从中可以解出目标的横向距离

$$x = \frac{(d_i^2 - \Delta r_i^2)\Delta r_{i+1} + (d_{i+1}^2 - \Delta r_{i+1}^2)\Delta r_i}{2(\Delta r_i d_{i+1} - \Delta r_{i+1} d_i)} \tag{1.9}$$

以及目标的径向距离

$$r_{i+1} = \frac{(d_i^2 - \Delta r_i^2) d_{i+1} + (d_{i+1}^2 - \Delta r_{i+1}^2) d_i}{2(\Delta r_i d_{i+1} - \Delta r_{i+1} d_i)} \tag{1.10}$$

由此还可得到目标的到达角

$$\sin\theta_{i+1} = \frac{x}{r_{i+1}} = \frac{(d_i^2 - \Delta r_i^2) \Delta r_{i+1} + (d_{i+1}^2 - \Delta r_{i+1}^2) \Delta r_i}{(d_i^2 - \Delta r_i^2) d_{i+1} + (d_{i+1}^2 - \Delta r_{i+1}^2) d_i} \tag{1.11}$$

如两相邻基线相等,即当 $d = d_i = d_{i+1}$ 时,则有

$$x = \frac{(d_0^2 - \Delta r_i^2) \Delta r_{i+1} + (d_0^2 - \Delta r_{i+1}^2) \Delta r_i}{2d(\Delta r_i - \Delta r_{i+1})} \tag{1.12}$$

$$r_{i+1} = \frac{2d^2 - \Delta r_i^2 - \Delta r_{i+1}^2}{2(\Delta r_i - \Delta r_{i+1})} \tag{1.13}$$

$$\sin\theta_{i+1} = \frac{x}{r_{i+1}} = \frac{(d^2 - \Delta r_i^2) \Delta r_{i+1} + (d^2 - \Delta r_{i+1}^2) \Delta r_i}{d(2d^2 - \Delta r_i^2 - \Delta r_{i+1}^2)} \tag{1.14}$$

采用同样的步骤,可得以阵列左端阵元为坐标原点的一维双基定位解:

$$x = \frac{(d_s^2 - \Delta r_{i+1}^2) \Delta r_i - (d_i^2 - \Delta r_i^2) \Delta r_{i+1}}{2\left[(\Delta r_i - \Delta r_{i+1}) d_i + d_{i+1} \Delta r_i \right]} \tag{1.15}$$

$$r_i = \frac{(d_s^2 - \Delta r_{i+1}^2) d_i - (d_i^2 - \Delta r_i^2) d_s}{2\left[(\Delta r_i - \Delta r_{i+1}) d_i + \Delta r_i d_{i+1} \right]} \tag{1.16}$$

$$\sin\theta_i = \frac{x}{r_i} = \frac{(d_s^2 - \Delta r_{i+1}^2) \Delta r_i - (d_i^2 - \Delta r_i^2) \Delta r_{i+1}}{(d_s^2 - \Delta r_{i+1}^2) d_i - (d_i^2 - \Delta r_i^2) d_s} \tag{1.17}$$

式中:d_s 为测向阵列的总长度,$d_s = d_i + d_{i+1}$。

以阵列右端的阵元为坐标原点的一维双基定位解:

$$x = \frac{(d_s^2 - \Delta r_i^2) \Delta r_{i+1} - (d_{i+1}^2 - \Delta r_{i+1}^2) \Delta r_i}{2(d_{i+1} \Delta r_i - d_s \Delta r_{i+1})} \tag{1.18}$$

$$r_{i+2} = \frac{(d_s^2 - \Delta r_i^2) d_{i+1} - (d_{i+1}^2 - \Delta r_{i+1}^2) d_s}{2(d_{i+1} \Delta r_i - d_s \Delta r_{i+1})} \tag{1.19}$$

$$\sin\theta_{i+2} = \frac{x}{r_{i+2}} = \frac{(d_s^2 - \Delta r_i^2) \Delta r_{i+1} - (d_{i+1}^2 - \Delta r_{i+1}^2) \Delta r_i}{(d_s^2 - \Delta r_i^2) d_{i+1} - (d_{i+1}^2 - \Delta r_{i+1}^2) d_s} \tag{1.20}$$

1.3 相邻基线不相等时的误差特性

1.3.1 概述

在目前技术条件下,多站无源定位技术仍是更有效的远距无源探测定位方

法,其中时差定位体制具有较高的定位精度、较高的空间分辨力等优点[6-8]。但事实上,对于多站时差定位系统,还有许多特性目前没有完全认识清楚。现有的多站时差测量误差分析一般是在假定站间基线长度相等的情况下展开的[9,10],一般结论是为提高定位精度,必须尽可能使观测站对称分布[11,12]。

本节在平面程差定位线性解析解的基础上,基于时差测量体制分析了一维直线阵列在站间基线长度不相等时的测距和测向误差特性,并由此初步得出了不等距布站将有助于提高测距精度的结果。

1.3.2　相对测距误差

直接引用一维双基直线阵的测距解(式(1.10)),且基于时差测量方式,测距解中所包含的程差应是时差的函数:

$$\Delta r = v_c \Delta t$$

式中:v_c 为光速;Δt 为时差。

用全微分法分析由时差测量误差所产生的测距误差,且忽略站间距离 d 等因素所产生的测量误差,有

$$\mathrm{d}r_{i+1} = \frac{\partial r_{i+1}}{\partial \Delta t_i} \mathrm{d}\Delta t + \frac{\partial r_{i+1}}{\partial \Delta t_{i+1}} \mathrm{d}\Delta t \tag{1.21}$$

设过渡函数

$$P = d_{i+1}(d_i^2 - \Delta r_i^2) + d_i(d_{i+1}^2 - \Delta r_{i+1}^2) \tag{1.22}$$

$$W = d_{i+1}\Delta r_i - d_i \Delta r_{i+1} \tag{1.23}$$

即有

$$r_{i+1} = 0.5 \frac{P}{W}$$

距离对时差观测量的偏微分为

$$\frac{\partial r_{i+1}}{\partial \Delta t_i} = \frac{0.5}{W^2}\left(W\frac{\partial P}{\partial \Delta t_i} - P\frac{\partial W}{\partial \Delta t_i}\right) \tag{1.24}$$

$$\frac{\partial r_{i+1}}{\partial \Delta t_{i+1}} = \frac{0.5}{W^2}\left(W\frac{\partial P}{\partial \Delta t_{i+1}} - P\frac{\partial W}{\partial \Delta t_{i+1}}\right) \tag{1.25}$$

各个过渡函数对时差的偏微分可转化为对程差的偏微分:

$$\frac{\partial P}{\partial \Delta t_i} = \frac{\partial P}{\partial \Delta r_i} \frac{\partial \Delta r_i}{\partial \Delta t_i} \tag{1.26}$$

$$\frac{\partial P}{\partial \Delta t_{i+1}} = \frac{\partial P}{\partial \Delta r_{i+1}} \frac{\partial \Delta r_{i+1}}{\partial \Delta t_{i+1}} \tag{1.27}$$

$$\frac{\partial W}{\partial \Delta t_i} = \frac{\partial W}{\partial \Delta r_i} \frac{\partial \Delta r_i}{\partial \Delta t_i} \tag{1.28}$$

$$\frac{\partial W}{\partial \Delta t_{i+1}} = \frac{\partial W}{\partial \Delta r_{i+1}} \frac{\partial \Delta r_{i+1}}{\partial \Delta t_{i+1}} \qquad (1.29)$$

式中

$$\frac{\partial P}{\partial \Delta r_i} = -2\Delta r_i d_{i+1}$$

$$\frac{\partial P}{\partial \Delta r_{i+1}} = -2\Delta r_{i+1} d_i$$

$$\frac{\partial W}{\partial \Delta r_i} = d_{i+1}$$

$$\frac{\partial W}{\partial \Delta r_{i+1}} = -d_i$$

且有

$$\frac{\partial \Delta r_i}{\partial \Delta t_i} = \frac{\partial \Delta r_{i+1}}{\partial \Delta t_{i+1}} = v_c$$

当各观察量的误差都是零均值,相互独立且标准差为 σ_t 时,相对测距误差为

$$\left| \frac{\mathrm{d}r_{i+1}}{r_{i+1}} \right| = \frac{\sigma_t}{r_{i+1}} \left(\left| \frac{\partial r_{i+1}}{\partial \Delta t_i} \right| + \left| \frac{\partial r_{i+1}}{\partial \Delta t_{i+1}} \right| \right) \qquad (1.30)$$

式中: σ_t 为时差测量的均方差, $\sigma_t = 100\mathrm{ns}$ 。

图 1.2 给出了基线比值 $m = d_{i+1}/d_i$ 不同时相对测距误差的变化特性。从图中可以发现,对于位于第一象限内的目标,如果阵列右侧的第二基线长度大于第一基线长度,测量误差就会减小,且越增大比值 m ,越能有效地降低误差。反之,如果第二基线长度小于第一基线长度,测量误差就会增大。

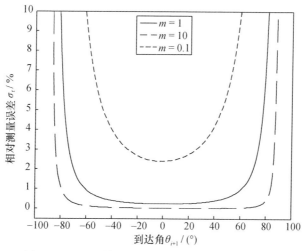

图 1.2　基线比值不同时相对测距误差的变化特性

模拟计算用的几何参数：$d_i = 5\text{km}$，$r_{i+1} = 100\text{km}$。

1.3.3 测向误差

直接引用式(1.11)，用全微分方法分析由时差测量误差所产生的测向误差，有

$$\mathrm{d}\theta_{i+1} = \frac{\partial \theta_{i+1}}{\partial \Delta t_i}\mathrm{d}\Delta t + \frac{\partial \theta_{i+1}}{\partial \Delta t_{i+1}}\mathrm{d}\Delta t \tag{1.31}$$

设过渡函数

$$Q = \Delta r_{i+1}(d_i^2 - \Delta r_i^2) + \Delta r_i(d_{i+1}^2 - \Delta r_{i+1}^2) \tag{1.32}$$

即有

$$\sin\theta_{i+1} = \frac{Q}{P}$$

目标到达角对时差观测量的偏微分为

$$\frac{\partial \theta_{i+1}}{\partial \Delta t_i} = \frac{1}{P^2\cos\theta_{i+1}}\left(P\frac{\partial Q}{\partial \Delta t_i} - Q\frac{\partial P}{\partial \Delta t_i}\right) \tag{1.33}$$

$$\frac{\partial \theta_{i+1}}{\partial \Delta t_{i+1}} = \frac{1}{P^2\cos\theta_{i+1}}\left(P\frac{\partial Q}{\partial \Delta t_{i+1}} - Q\frac{\partial P}{\partial \Delta t_{i+1}}\right) \tag{1.34}$$

同样有

$$\frac{\partial Q}{\partial \Delta r_i} = -2\Delta r_i \Delta r_{i+1} + (d_{i+1}^2 - \Delta r_{i+1}^2)$$

$$\frac{\partial Q}{\partial \Delta r_{i+1}} = -2\Delta r_i \Delta r_{i+1} + (d_i^2 - \Delta r_i^2)$$

当各观察量的误差都是零均值，相互独立且标准差为 σ_t 时，绝对测向误差为

$$\sigma_\theta = \sigma_t\sqrt{\left(\frac{\partial \theta_{i+1}}{\partial \Delta t_i}\right)^2 + \left(\frac{\partial \theta_{i+1}}{\partial \Delta t_{i+1}}\right)^2} \tag{1.35}$$

图1.3给出了基线比值 m 不同时测向误差的变化特性。模拟计算表明，与测距误差不同，测向误差仅在基线比值 $m = 1$ 时具有最好的精度特性。对位于第一象限内的目标：如果增加位于水平轴线正向的基线长度，则对测量误差的影响较小；如果增加水平轴线负方向上的基线长度，则大大降低测量精度。

模拟测向误差时用的几何参数与模拟相对测距误差时用的几何参数相同。

1.3.4 小结

本研究仅是通过对一维双基直线阵列分析给出了不等距布站时的定位误差

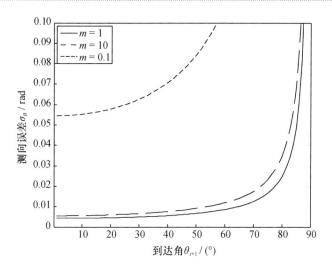

图 1.3　基线比值不同时测向误差的变化特性

特性,但结果已经说明,如能恰当地利用不对称布站,将能有效地提高测距精度。

1.4　二维平面上的解析算法

1.4.1　概述

传统的平面时差定位问题需要求解非线性方程组,且得不到解析解。分析表明,对于平面任意布置的三站时差定位系统,因存有两个独立的三角形,故利用余弦定理可以得到两个独立的平面几何方程,且附加的几何条件一旦与时差定位方程联解,即可获得任意平面布站时的时差定位解析方程。

1.4.2　几何模型

对任意布站的平面三站定位系统,其几何模型如图 1.4 所示,设 S_1 为主站, S_2 和 S_3 为副站。近似忽略远距目标的高度,假定目标 $T(x,y)$ 位于二维平面内。径向距离 r_1 和基线 d_3 之间的夹角 φ 是未知的,而基线 d_3 和基线 d_1 的夹角 φ_0 是在布站时可测定的值。

1.4.3　定解方程

根据图 1.4 所示的几何关系,以主站 S_1 为程差测量基准站点,有

$$\Delta r_i = r_{i+1} - r_1 \qquad (1.36)$$

式中: Δr_i 为副站与主站之间的程差。

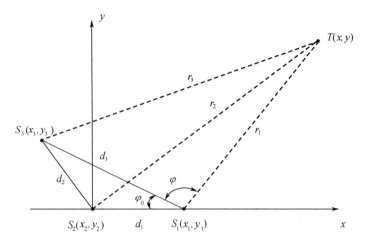

图 1.4　平面任意三站定位阵列

由余弦定理可列出如下两个三角定位方程：

$$r_2^2 = r_1^2 + d_1^2 - 2d_1 r_1 \cos\varphi \tag{1.37}$$

$$r_3^2 = r_1^2 + d_3^2 - 2d_3 r_1 \cos(\varphi - \varphi_0)$$
$$= r_1^2 + d_3^2 - 2d_3 r_1 (\cos\varphi\cos\varphi_0 + \sin\varphi\sin\varphi_0) \tag{1.38}$$

由式（1.37）可得出与径向距离和基线长度相关的目标方位表示式：

$$\cos\varphi = \frac{r_1^2 + d_1 - r_2^2}{2d_1 r_1} \tag{1.39}$$

将式（1.39）代入式（1.38），得

$$r_3^2 = r_1^2 + d_3^2 - 2d_3 r_1 \left[\left(\frac{r_1^2 + d_1 - r_2^2}{2d_1 r_1} \right) \cos\varphi_0 + \sqrt{1 - \left(\frac{r_1^2 + d_1^2 - r_2^2}{2d_1 r_1} \right)^2} \sin\varphi_0 \right] \tag{1.40}$$

又从程差关系式 $r_{i+1} = r_1 + \Delta r_i$，得

$$r_2^2 - r_1^2 = 2\Delta r_1 r_1 + \Delta r_1^2 \tag{1.41}$$

$$r_3^2 = r_1^2 + 2\Delta r_2 r_1 + \Delta r_2^2 \tag{1.42}$$

将式（1.41）和式（1.42）代入式（1.40），得

$$2\Delta r_2 r_1 + \Delta r_2^2 = d_3^2 - 2d_3 r_1 \left[\left(\frac{d_1^2 - 2\Delta r_1 r_1 - \Delta r_1^2}{2d_1 r_1} \right) \cos\varphi_0 \right.$$
$$\left. + \sqrt{1 - \left(\frac{d_1^2 - 2\Delta r_1 r_1 - \Delta r_1^2}{2d_1 r_1} \right)^2} \sin\varphi_0 \right] \tag{1.43}$$

将式（1.43）变形处理后，得

$$2d_3 r_1 \sin\varphi_0 \sqrt{1 - \left(\frac{d_1^2 - 2\Delta r_1 r_1 - \Delta r_1^2}{2d_1 r_1} \right)^2}$$

$$= d_3^2 - \Delta r_2^2 - (d_1 - \Delta r_1^2)\frac{d_3}{d_1}\cos\varphi_0 + 2\left(\frac{d_3}{d_1}\cos\beta_0 \Delta r_1 - \Delta r_2\right)r_1$$

$$= a + br_1 \qquad\qquad (1.44)$$

式中

$$a = d_3^2 - \Delta r_2^2 - (d_1^2 - \Delta r_1^2)\frac{d_3}{d_1}\cos\varphi_0$$

$$b = 2\left(\frac{d_3}{d_1}\cos\varphi_0 \Delta r_1 - \Delta r_2\right)$$

式(1.44)两边平方,得

$$4d_3^2 r_1^2 \sin^2\varphi_0 - \frac{d_3^2}{d_1^2}\sin^2\varphi_0(d_1 - \Delta r_1^2 - 2\Delta r_1 r_1)^2$$

$$= a^2 + 2abr_1 + b^2 r_1^2 \qquad\qquad (1.45)$$

设 $c = d_1^2 - \Delta r_1^2$,有

$$4d_3^2 r_1^2 \sin^2\varphi_0 - \frac{d_3^2}{d_1^2}\sin^2\varphi_0(c^2 - 4c\Delta r_1 r_1 + 4\Delta r_1^2 r_1^2)$$

$$= a^2 + 2abr_1 + b^2 r_1^2 \qquad\qquad (1.46)$$

上式展开后,得

$$4d_3^2 r_1^2 \sin^2\varphi_0 - c^2\frac{d_3^2}{d_1^2}\sin^2\varphi_0 + 4c\frac{d_3^2}{d_1^2}\sin^2\varphi_0 \Delta r_1 r_1 - 4\Delta r_1^2\frac{d_3^2}{d_1^2}\sin^2\varphi_0 r_1^2$$

$$= a^2 + 2abr_1 + b^2 r_1^2 \qquad\qquad (1.47)$$

最后得到一元二次方程:

$$a^2 + c^2\frac{d_3^2}{d_1^2}\sin^2\varphi_0 + \left(2ab - 4c\Delta r_1 \frac{d_3^2}{d_1^2}\sin^2\varphi_0\right)r_1$$

$$+ \left(b^2 + 4\Delta r_1^2\frac{d_3^2}{d_1^2}\sin^2\varphi_0 - 4d_3^2\sin^2\varphi_0\right)r_1^2 = 0 \qquad\qquad (1.48)$$

1.4.4　退化验证

式(1.48)可变形为

$$Ar_1^2 + Br_1 + C = 0 \qquad\qquad (1.49)$$

式中

$$A = b^2 + 4\Delta r_1^2\frac{d_3^2}{d_1^2}\sin^2\varphi_0 - 4d_3^2\sin^2\varphi_0$$

$$= 4\left(\frac{d_3}{d_1}\cos\varphi_0 \Delta r_1 - \Delta r_2\right)^2 + 4\Delta r_1^2\frac{d_3^2}{d_1^2}\sin^2\varphi_0 - 4d_3^2\sin^2\varphi_0$$

$$B = 2ab - 4c\Delta r_1 \frac{d_3^2}{d_1^2}\sin^2\varphi_0$$

$$= 4\left(d_3^2 - \Delta r_2^2 - (d_1^2 - \Delta r_1^2)\frac{d_3}{d_1}\cos\varphi_0\right)\left(\frac{d_3}{d_1}\cos\varphi_0\Delta r_1 - \Delta r_2\right)$$

$$-4(d_1^2 - \Delta r_1^2)\Delta r_1\frac{d_3^2}{d_1^2}\sin^2\varphi_0$$

$$C = a^2 + c^2\frac{d_3^2}{d_1^2}\sin^2\varphi_0 = \left(d_3^2 - \Delta r_2^2 - (d_1^2 - \Delta r_1^2)\frac{d_3}{d_1}\cos\varphi_0\right)^2 + (d_1 - \Delta r_1^2)^2\frac{d_3^2}{d_1^2}\sin^2\varphi_0$$

一旦角度 φ_0 趋于 $0°$，即一维双基直线阵时，式(1.49)将退化为

$$a^2 + 2abr_1 + b^2 r_1^2 = 0 \tag{1.50}$$

即 $a + br_1 = 0$，得

$$r_1 = -\frac{a}{b} = \frac{\Delta r_2^2 - 2d^2 - 2\Delta r_1^2}{2(2\Delta r_1 - \Delta r_2)} \tag{1.51}$$

如按图1.1的几何标示重写变量下标，则可验证式(1.51)是和一维双基直线阵在以右端站点为基准时所得到的解析结果(式(1.19))完全一致。验证结果说明，对于平面任意布站的三站定位系统，利用附加的几何条件，无须进行复杂的非线性运算，即可得到解析结果。

1.4.5　模拟验证

由式(1.49)的一元二次方程的求根公式，得

$$r_1 = \frac{-B \pm \sqrt{B^2 - 4AC}}{2A} \tag{1.52}$$

所得到的结果与理论值相比较，即得到计算式的相对计算误差。不同夹角 φ_0 时的相对计算误差曲线如图1.5所示。在 $[\varphi_0, 180°]$ 区间，正根的所在区间为 $[\varphi_0, 2\varphi_0]$，负根的所在区间为 $[2\varphi_0, 180°]$。

计算时所使用的参数：$r_1 = 100\text{km}$，$d_1 = d_2 = 10\text{km}$。

计算发现，如果两基线长度不等，则正、负根的所在区间将会发生变动，增大 d_2 将扩大负根的值域范围。如果 $d_1 > d_2$，则方程无解。

1.4.6　小结

对于平面三站定位问题，只要充分利用现有的平面几何关系即可获得解析解。对于多站定位系统，目标的定位误差与目标相对于各个测量站的位置密切相关[13,14]，在时差测量误差及测量站站址误差等误差因素一定的情况下，对测量站进行布站优化，是提高定位精度的有效手段。本节给出的平面任意布站定位解析方程，将有助于进一步深入研究及优化多站定位系统的布站构型问题。

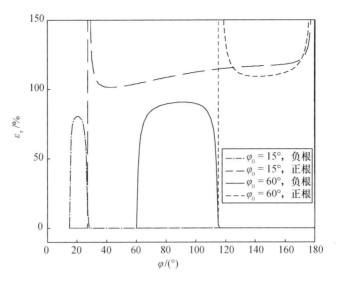

图 1.5　不同 φ_0 时的相对计算误差曲线

1.5　单基中点测向

1.5.1　概述

　　尽管基于一维双基直线阵,利用程差测量和几何辅助关系所得到测向式适用于任意基线长度,但从工程应用角度,若能实现双站测向,则是最可取的。

　　本节研究基于单基双站的长基线测向方法。首先通过对一维双基程差方程的简化处理获得仅与程差测量相关的单基测向式,并发现,对于单基线测向,为能得到较正确的测向值,测量参考基准点应在单基线的中点位置处;然后借助几何投影方法得到基于双站间程差和交会角测量的单基测向解,通过近似简化可得到与单基中点测向式基本类似的结果,且由此表明,利用双站间的交会角能有效改善单基中点测向解的准确性。

1.5.2　近似简化法

　　对于一维双基测向式

$$\sin\theta = \frac{(d^2 - \Delta r_1^2)\Delta r_2 + (d^2 - \Delta r_2^2)\Delta r_1}{d(2d^2 - \Delta r_1^2 - \Delta r_2^2)} \tag{1.53}$$

若对程差的高阶项做 $\Delta r_1 \approx \Delta r_2$ 处理,对式(1.53)进行简化后,得

$$\sin\theta \approx \frac{(d^2 - \Delta r_2^2)(\Delta r_1 + \Delta r_2)}{2d(d^2 - \Delta r_1^2)} = \frac{\Delta r_1 + \Delta r_2}{2d} \tag{1.54}$$

因为

$$\Delta r_{13} = r_1 - r_3 = (r_1 - r_2) + (r_2 - r_3) = \Delta r_1 + \Delta r_2 \qquad (1.55)$$

由此得到单基测向解:

$$\sin\theta_0 = \frac{\Delta r_{13}}{2d} \qquad (1.56)$$

为后续推导之需,上式修改了到达角的下标。必须注意,单基测向的参考基准点是在单基线的中点位置处,而不是在单基线的端点处。以图1.6所示的单基阵为例,对于基线长度为 $2d$ 的单基阵,测向的参考基准点即在坐标原点处。

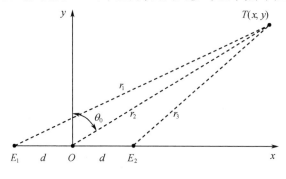

图1.6 单基阵

由近似简化得到的单基测向式(1.56)不仅对短基线是正确的,而且可应用于较长基线,图1.7给出了当目标距离为300km,基线长度小于20km时,测向式的相对计算误差曲线。

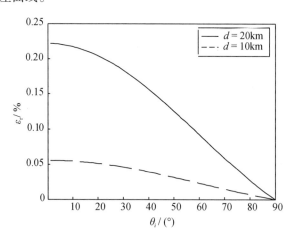

图1.7 单基测向式的相对计算误差

模拟计算一方面表明,对于300km的目标:当基线长度大于50km时,相对计算误差超过1.5%;当基线长度大于100km时,相对计算误差超过5%。因此,在给定目标距离的情况下,测向式的相对计算误差与站间基线长度成正比。另一方面表明,在给定基线长度的情况下,对于较近的目标,相对计算误差会逐渐增大,因此,相对计算误差与目标径向距离成反比。

1.5.3　几何投影法

1.5.3.1　补偿角

双站程差的基本几何关系如图 1.8 所示,设 $TP_{i+1} = TB$,由在 $\triangle BTP_{i+1}$ 中两底角需相等的条件可得

$$0.5(180° - \Delta\theta_i) = \Delta\rho_i + 90° - \Delta\theta_i \tag{1.57}$$

式中:$\Delta\theta_i$ 为两探测点之间的交会角;$\Delta\rho_i$ 为补偿角,$\Delta\rho_i = \angle BP_{i+1}C$。

由此可证得

$$\Delta\rho_i = 0.5\Delta\theta_i \tag{1.58}$$

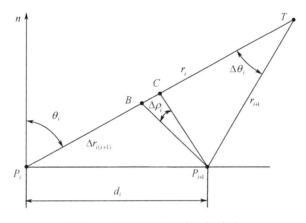

图 1.8　双站程差的基本几何关系

1.5.3.2　几何投影

借助图 1.8 所示的几何图形,设程差位于左侧站点和目标间的径向方向,如将长度为 $2d$ 的基线投影到程差所在的径向方向,则根据几何关系,且利用上一节所导出的补偿角,可列出等式:

$$\Delta r_{13} = 2d\sin\theta_1 - 2d\cos\theta_1 \cdot \tan(0.5\Delta\theta_{13}) \tag{1.59}$$

式中:θ_1 为在左侧站点观测的目标到达角;$\Delta\theta_{13}$ 为双站之间的交会角。

可将式(1.59)右边的第二项看作补偿项,如果对基线的几何投影不做补偿修正,得到的就是短基线测向解,仅能在短基线的情况下近似成立,即

$$\Delta r_{13} \approx 2d\sin\theta_1$$

1.5.3.3 基线中点的目标到达角

将关于程差的几何投影式展开,且将左侧站点处的到达角用基线中点处的到达角和站间交会角之和表示,有

$$\Delta r_{13} = 2d\sin(\theta_0 + \Delta\theta_1) - 2d\cos(\theta_0 + \Delta\theta_1) \cdot \tan(0.5\Delta\theta_{13}) \qquad (1.60)$$

式中:$\Delta\theta_1$ 为站点 1 与基线中点之间的交会角。

经推导可得

$$\frac{\Delta r_{13}}{2d} = a\sin\theta_0 + b\cos\theta_0 \qquad (1.61)$$

式中

$$a = \cos\Delta\theta_1 + \sin\Delta\theta_1\tan(0.5\Delta\theta_{13})$$
$$b = \sin\Delta\theta_1 - \cos\Delta\theta_1\tan(0.5\Delta\theta_{13})$$

利用三角函数,可将式(1.61)化为

$$\frac{\Delta r_{13}}{2d} = \sqrt{a^2 + b^2}\sin(\theta_0 + \gamma) \qquad (1.62)$$

且有

$$\cot\gamma = \frac{a}{b}$$

由此可解出基线中点目标到达角为

$$\theta_0 = \arcsin\left(\frac{\Delta r_{13}}{2d\sqrt{a^2 + b^2}}\right) - \gamma \qquad (1.63)$$

1.5.3.4 近似简化

由几何投影解可知,为求得基线中点到达角的准确解,除需要测量双站间程差之外,还必须知道双站之间的以及双站基线中点与某一站点之间的交会角,为此对式(1.63)的系数进行简化。在远距探测情况下有近似关系:

$$\Delta\theta_1 \approx 0.5\Delta\theta_{13} \qquad (1.64)$$

利用式(1.64)以及 $\sin\Delta\theta_1 \approx \tan\Delta\theta_1$,有

$$a \approx \cos(0.5\Delta\theta_{13}) + \sin(0.5\Delta\theta_{13})\tan(0.5\Delta\theta_{13})$$
$$\approx \cos(0.5\Delta\theta_{13}) + \sin^2(0.5\Delta\theta_{13}) \qquad (1.65)$$

略去高阶小量,有

$$a \approx \cos(0.5\Delta\theta_{13}) \qquad (1.66)$$

对系数 b 展开,有

$$b = \sin\Delta\theta_1 - \cos\Delta\theta_1\tan(0.5\Delta\theta_{13})$$
$$= \frac{\sin\Delta\theta_1\cos(0.5\Delta\theta_{13}) - \cos\Delta\theta_1\sin(0.5\Delta\theta_{13})}{\cos(0.5\Delta\theta_{13})}$$

$$= \frac{\sin(\Delta\theta_1 - 0.5\Delta\theta_{13})}{\cos(0.5\Delta\theta_{13})}$$

$$\approx 0 \tag{1.67}$$

利用式(1.63)可得到与式(1.56)基本相似的测向式:

$$\sin\theta_0 = \frac{\Delta r_{13}}{2d\cos(0.5\Delta\theta_{13})} \tag{1.68}$$

1.5.3.5　模拟计算

图 1.9 给出了在不同基线长度时的相对计算误差。计算结果表明,对于 300km 远的目标,只要站间距离小于 300km,则双站测向式的相对计算误差小于 1.5%。显然,利用双站间的交会角能有效地提高单基中点测向解的计算准确性。

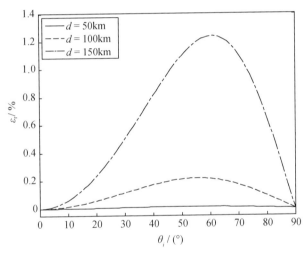

图 1.9　相对计算误差

1.5.4　测向误差

1.5.4.1　双基测向精度

为能比较单基与双基的测向精度,首先给出双基测向解的误差分析。对于式(1.14)或式(1.53),有

$$\sin\theta = \frac{(d^2 - \Delta r_1^2)\Delta r_2 + (d^2 - \Delta r_2^2)\Delta r_1}{d(2d^2 - \Delta r_1^2 - \Delta r_2^2)}$$

设

$$p = (d^2 - \Delta r_1^2)\Delta r_2 + (d^2 - \Delta r_2^2)\Delta r_1$$

$$q = (2d^2 - \Delta r_1^2 - \Delta r_2^2)$$

即有

$$\sin\theta = \frac{p}{d \cdot q}$$

由时差方程 $\Delta r_i = v_c \Delta t_i$,可求得到达角对时差的微分式:

$$\frac{\partial \theta}{\partial \Delta t_i} = \frac{\pi}{180} \frac{1}{q^2 d\cos\theta} \Big(q\, \frac{\partial p}{\partial \Delta t_i} - p\, \frac{\partial q}{\partial \Delta t_i} \Big) \qquad (1.69)$$

式中

$$\begin{cases} \dfrac{\partial p}{\partial \Delta t_1} = (d^2 - \Delta r_2^2)v_c - 2\Delta r_1 \Delta r_2 v_c \\[2mm] \dfrac{\partial p}{\partial \Delta t_2} = (d^2 - \Delta r_1^2)v_c - 2\Delta r_1 \Delta r_2 v_c \\[2mm] \dfrac{\partial q}{\partial \Delta t_1} = -2\Delta r_1 v_c \\[2mm] \dfrac{\partial q}{\partial \Delta t_2} = -2\Delta r_2 v_c \end{cases}$$

忽略站间基线长度测量误差,仅由时差测量误差产生的测向误差为

$$\sigma_\theta = \sigma_{\Delta t} \sqrt{\sum_{i=1}^{2} \Big(\frac{\partial \theta}{\partial \Delta t_i} \Big)^2} \qquad (1.70)$$

式中:$\sigma_{\Delta t}$ 为时差测量的均方根误差。

图 1.10 给出了当目标距离为 300km,不同的基线长度时的测向误差曲线,模拟计算时取时差测量误差均方根误差 $\sigma_{\Delta t} = 50$ns。

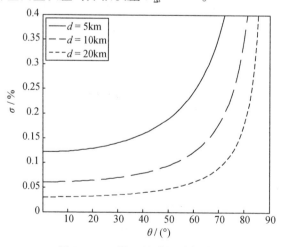

图 1.10　三站双基时差测向误差

1.5.4.2　仅与时差测量相关的单基测向精度

对单基测向式(1.56)，有

$$\sin\theta_0 = \frac{v_c \Delta t}{2d} \tag{1.71}$$

微分后，得

$$\frac{\partial\theta}{\partial\Delta t} = \frac{\pi}{180} \cdot \frac{v_c}{2d\cos\theta_0} \tag{1.72}$$

由此得到仅由时差测量所产生的测向误差为

$$\sigma_\theta = \frac{\partial\theta}{\partial\Delta t}\sigma_t = \frac{\pi}{180} \cdot \frac{v_c\sigma_t}{2d\cos\theta_0} \tag{1.73}$$

式中：σ_t 为时差测量误差均方根误差。

图 1.11 给出了当目标距离为 300km，基线长度为 3km，不同时差测量误差均方根误差时的测向误差曲线，从图中可以看到，如时差测量误差均方根误差小于 10ns，则测向误差可小于 0.05°。

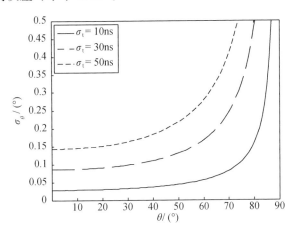

图 1.11　双站单基时差测向误差

1.5.4.3　交会角对测向精度的影响

对与交会角测量相关的单基测向解(式(1.68))：

$$\sin\theta_0 = \frac{v_c \Delta t}{2d\cos(0.5\Delta\theta_{13})} \tag{1.74}$$

分别对时差和交会角进行微分，有

$$\frac{\partial\theta}{\partial\Delta t} = \frac{\pi}{180} \cdot \frac{v_c}{2d\cos\theta_0\cos(0.5\Delta\theta_{13})}$$

$$\frac{\partial\theta}{\partial\Delta\theta_{13}} = \frac{\pi}{180} \cdot \frac{v_c\Delta t\sin(0.5\Delta\theta_{13})}{4d\cos\theta_0\cos^2(0.5\Delta\theta_{13})}$$

在交会角微小的情况下,因为 $\cos(0.5\Delta\theta_{13}) \approx 1$,故有

$$\frac{\partial\theta}{\partial\Delta t} = \frac{\pi}{180} \cdot \frac{v_c}{2d\cos\theta_0}$$

$$\frac{\partial\theta}{\partial\Delta\theta_{13}} = \frac{\pi}{180} \cdot \frac{v_c\Delta t\sin(0.5\Delta\theta_{13})}{4d\cos\theta_0}$$

$$= \frac{\pi}{180} \cdot \frac{\Delta r_{13}\sin(0.5\Delta\theta_{13})}{4d\cos\theta_0}$$

$$= \frac{\pi}{360} \cdot \tan\theta_0\sin(0.5\Delta\theta_{13})$$

事实上,如何获取交会角还是一个待定的问题,此处的误差分析仅是定性说明由交会角测量误差所产生的测向误差较小。

1.5.5 小结

作为无源探测军事应用的一种高精度测向手段,时差测向技术的研究在近40年取得了重大突破,但至今为止的相关研究主要聚焦在短基线时差测向方法上[15-18],这一方面是战术需要,另一方面则涉及数学模型,现有的基于短基线的测向公式仅是一种非常近似的计算方法,如将其延伸到长基线测量,则会出现计算准确度变低而无法应用的状况。利用现有近似短基线测向式进行分析,从形式上似乎也能给出结果,但数学描述是不完整的,更为重要的是难以准确分析研究与长基线相关的问题。

显然,基于测向精度与基线长度成正比的原理,如能在数学上给出适用于长基线时差测向的模型,就能得到超精度的测向性能。本节在描述多站长基线时差测向方法的基础上,通过适当的简化处理,给出了具有较高计算准确度的双站单基时差测向方法。而基于几何投影法所得到测向解,不仅有效改善了测向准确性,而且证明对一维双基程差测向式进行合理简化之后所得到且形式非常简单的单基中点测向式是可信的。

1.6 相邻程差之间的等差关系

1.6.1 概述

对一维双基测向解进行近似简化可得到单基中点测向解,进一步对一维双基测向解变量置换,可发现相邻程差之间还存在类似于等差级数的特性。这意味着,如果能获知等差级数的公差,仅通过检测得到双基阵列中的一个程差,就

能解得相邻基线的另一个程差。

实际上,等差级数公差的计算与目标的方位观测直接相关,这意味着在减少一个程差检测的同时必须增加一个方位的观测。因此,相邻程差的等差特性的发现并不意味着可以直接减少观测量,仅是在数学形式上说明基于两个程差测量的定位方式可以等效变换为基于一个程差测量和一个方位测量的混合模式。

1.6.2　等差特性的推证

对于一维双基阵列,在对应于相邻两基线的程差和对应于阵列总长度的程差之间,存在如下相邻程差和关系:

$$\Delta r_{13} = r_1 - r_3 = (r_1 - r_2) + (r_2 - r_3) = \Delta r_1 + \Delta r_2$$

利用上式分别将式(1.14)中的程差 Δr_1 或 Δr_2 置换掉,得

$$\sin\theta_2 = \frac{(d_0^2 - \Delta r_1^2)(\Delta r_{13} - \Delta r_1) + [d_0^2 - (\Delta r_{13} - \Delta r_1)^2]\Delta r_1}{d_0[2d_0^2 - \Delta r_1^2 - (\Delta r_{13} - \Delta r_1)^2]} \tag{1.75}$$

$$\sin\theta_2 = \frac{[d_0^2 - (\Delta r_{13} - \Delta r_2)^2]\Delta r_2 + (d_0^2 - \Delta r_2^2)(\Delta r_{13} - \Delta r_2)}{d_0[2d_0^2 - (\Delta r_{13} - \Delta r_2)^2 - \Delta r_2^2]} \tag{1.76}$$

从中可以分别解出

$$\Delta r_1 = \frac{\Delta r_{13}}{2} + \Delta a \tag{1.77}$$

$$\Delta r_2 = \frac{\Delta r_{13}}{2} - \Delta a \tag{1.78}$$

式中

$$\Delta a = 0.5\sqrt{\frac{\Delta r_{13}^2(\Delta r_{13} + 2d\sin\theta_2) - 4d(\Delta r_{13}^2\sin\theta_2 + d\Delta r_{13} - 2d^2\sin\theta_2)}{(\Delta r_{13} + 2d\sin\theta_2)}} \tag{1.79}$$

由此证得,在一维双基阵中,相邻两基线的程差值恰好是对应于阵列总长度的程差值的 1/2 再增或减一个相同的偏差量。模拟计算表明,微小的偏差量 Δa 仅在准确求解到达角的情况下才能正确解出,如采用近似测向值,则得到的结果不可用。

显然,根据式(1.77)和式(1.78),双基程差值可写成等差数列的形式,即

$$\Delta r_i = 0.5\Delta r_{13} + 2(1 - i)\Delta a \tag{1.80}$$

式中:$2\Delta a$(或 Δa)为等差级数的公差,由式(1.77)和式(1.78)之差可得

$$2\Delta a = \Delta r_1 - \Delta r_2 \tag{1.81}$$

因此,$2\Delta a$ 实际上表示相邻程差的差值。

1.6.3　公差的几何图解

联立式(1.56)和式(1.77),得

$$\Delta a = \Delta r_1 - d\sin\theta_0 \qquad\qquad (1.82)$$

联立式(1.56)和式(1.78),得

$$\Delta a = d\sin\theta_0 - \Delta r_2 \qquad\qquad (1.83)$$

式(1.82)和式(1.83)表示的几何意义是将基线投影到径向距离所得到的近似程差值与实测程差值之间的差值。如用几何图形表示,如图 1.12 所示,则有:$\overline{P_2A} = \Delta r_2$,$\overline{P_2C} = \overline{P_1D} = \Delta r_1$。$\overline{P_2B} = d\sin\theta$ 表示对应于基线长度的近似程差值,且根据式(1.56)有 $d\sin\theta = 0.5\Delta r_{13}$。而等腰三角形 $\triangle P_3AC$ 的底边恰好为 $2\Delta a$。

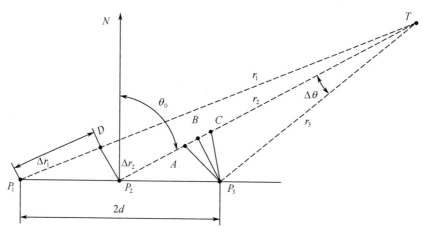

图 1.12　公差的几何图解

1.6.4　小结

一维双基阵列[9,10]是多站点无源定位系统的最基本的模型,对此基本模型的研究分析既能有助于改善定位系统的设计性能,也能有助于提高定位系统的测量精度。但至今为止对无源定位系统的分析,绝大多数的研究仅是从求解未知量的角度排列数学方程,而没有深入研究在各个参量之间的内在关联性。

等差特性给出了相邻程差之间的一种关联,基于等差特性,利用一个程差观测量和一个角度观测量就能确定目标的位置。如仅从定解条件的角度看,这似乎与双站时差/测向混合定位法等价的,但后续章节的研究将证明,综合利用单基中点测向解和等差等性能虚拟扩展阵列的基线长度,能有助于提高双站定位系统的定位精度。

参考文献

[1] 张正明. 辐射源无源定位研究[D]. 西安:西安电子科技大学, 2000.

[2] 刘刚. 分布式多站无源时差定位系统研究[D]. 西安:西安电子科技大学,2006.

[3] 任连峻. 时间测量及无源多站定位方法研究[D]. 哈尔滨:哈尔滨工业大学,2006.

[4] 王秀花. 非线性方程的一些数值解法及其理论分析[D]. 上海:上海大学,2011.

[5] 李洋洋. 非线性方程的迭代解法研究[D]. 合肥:合肥工业大学,2012.

[6] 刘月华. 时差定位无源雷达的系统设计[D]. 南京:南京理工大学, 2003.

[7] 江翔. 无源时差定位技术及应用研究[D]. 成都:电子科技大学, 2008.

[8] 敖伟. 无源定位方法及其精度研究[D]. 成都:电子科技大学, 2009.

[9] 陈永光,李昌锦,李修和. 三站时差定位的精度分析与推算模型[J]. 电子学报,2004, 32(9):1452 - 1455.

[10] 陆静,郭克成,袁翔宇,等. 解析法分析三站时差定位系统的定位精度[J]. 现代雷达, 2004,26(12):20 - 22.

[11] 朱伟强,黄培康. 三站时差定位系统观测站构型研究[J]. 现代雷达, 2010,32(1):1 - 6.

[12] 曾辉,曾芳玲,谷玉祥. 一种三站时差定位的布站优化算法[J]. 电讯技术, 2010,50 (5):18 - 22.

[13] 钱镱,陆明泉,冯振明. 基于 TDOA 原理的地面定位系统中 HDOP 的研究[J]. 电讯技术, 2005,45(4):135 - 138.

[14] 王成,李少洪,黄槐. 测时差定位系统定位精度分析与最优布站[J]. 火控雷达技术, 2003,32(1):1 - 6.

[15] 王涌,叶斌,谢春胜. 新的时差测向方法[J]. 电子对抗技术,1995(3):1 - 7.

[16] 龚渝. 时差测向方法[J]. 电子对抗技术,1994(2):18 - 23.

[17] 邵建华. 短基线时差测向精度分析[J]. 航天电子对抗,1998(1):16 - 18.

[18] 邵建华. 短基线时差测向技术体制及应用前景[J]. 航天电子对抗,1997(4):23 - 25.

第❷章

运动参数的无模糊相差测量

📐 2.1 引　　言

本章在由相频函数关系推导出的基于多通道相差测量的相差变化率基础上,研究了相差变化率的无相位模糊检测方法。在现有的基于相差测量的无源定位分析中,都是将波长整周数看成常值,并认为经过微分处理后相差变化率与波长整周数无关,即相位差的差值是不模糊的[1-4]。但分析表明,不论是基于相频关系所推导出的相差变化率,还是基于时间序列直接对相差测量进行差分处理得到的相差变化率,不仅与相差的差分项相关,而且与波长整周数差值的差分项相关,且在相差的差分项与波长整周数差值的差分项之间存有互为跳变现象。

作者的研究结果说明,基于多通道相差测量,在未知波长整周数差值的情况下,通过利用波长整周数差值的差分和相差差分的跳变规律,仅基于相差测量值即可直接求得相差变化率。此研究结果为相差定位的工程应用奠定了极为重要的基础。

事实上,诸多运动参数都能转化为与相差变化率以及测向角相关的函数,因此,一旦对相差变化率的测量与未知的波长整周数差值无关,就意味着诸多运动参数都能通过无模糊相差测量而被确定。并且,这无疑也避免了波长整周数差值测量误差对定位精度的影响。

📐 2.2 基本的相频函数关系

2.2.1 相差定位方程

如使用相位干涉仪对目标进行无源探测,且假设相位干涉仪仅利用如图2.1 所示单基天馈阵,则有基于相移测量的距离公式:

$$r_i = \lambda\left(n_i + \frac{\phi_i}{2\pi}\right) \tag{2.1}$$

式中:r_i 为径向距离;λ 为波长;n_i 为波长整周数;ϕ_i 为鉴相单元测得的相移。

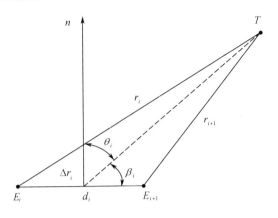

图 2.1　单基阵几何示意

根据式(2.1)，对应于单基线两阵元 E_i 和 E_{i+1} 的径向距离之间的程差 Δr_i 即可由相差测量所确定，且能得到在形式上与时差定位方程完全相类似的相差定位方程：

$$\Delta r_i = r_i - r_{i+1} = \lambda \left(n_i - n_{i+1} + \frac{\phi_i - \phi_{i+1}}{2\pi} \right)$$

$$= \lambda \left(\Delta n_i + \frac{\Delta \phi_i}{2\pi} \right) \tag{2.2}$$

式中：Δn_i 为程差所包含的波长整周数差值，$\Delta n_i = n_i - n_{i+1}$；$\Delta \phi_i$ 为两阵元之间的相位差，$\Delta \phi_i = \phi_i - \phi_{i+1}$。

在式(2.2)右端的观测量中，包含未知参变量 Δn_i，并且对于不同的几何条件，所列出的每个方程中的参变量 Δn_i 都是不同的，由此就难以通过简单的增设方程数量，按联解方程的方法消除参变量 Δn_i。

2.2.2　单基相差测向

进一步利用单基中点测向的表达形式，而不是利用已有的短基线相位干涉测向概念，给出基于相差测量的测向解：

$$\sin\theta_i = \frac{\Delta r_i}{d_i} = \frac{\lambda}{d_i} \left(\Delta n_i + \frac{\Delta \phi_i}{2\pi} \right) \tag{2.3}$$

给出的测向式从纯数学定义上来说适用于较长基线，但注意测量的基准点是基线的中点位置处。

2.2.3　相移变化率

对式(2.1)两边微分，得

$$\frac{\partial r_i}{\partial t} = \frac{\lambda}{2\pi} \frac{\partial \phi_i}{\partial t} \tag{2.4}$$

径向距离变化率为径向速度,即

$$\frac{\partial r_i}{\partial t} = v_{ri} = v\sin\theta_i \qquad (2.5)$$

式中:v 为探测平台的移动速度;v_{ri} 为径向速度。

利用单基中点相差测向式即可证得基于相差测量的相移变化率为

$$\frac{\partial \phi_i}{\partial t} = \frac{2\pi v}{d_i}\left(\Delta n_i + \frac{\Delta \phi_i}{2\pi}\right) \qquad (2.6)$$

2.2.4 频移的相差检测

机载平台上安置有多普勒接收机,对地面静止或慢速移动的目标进行探测,在单基中点处接收到多普勒频移:

$$\lambda f_{di} = v\cos\beta_i \qquad (2.7)$$

式中:f_{di} 是多普勒频移;v 为载机的飞行速度;β_i 为目标的前置角。

根据到达角与前置角之间的互余关系 $\sin\theta_i = \cos\beta_i$,利用式(2.3),可将前置角表示为

$$\cos\beta_i = \frac{\Delta r_i}{d_i} = \frac{\lambda}{d_i}\left(\Delta n_i + \frac{\Delta \phi_i}{2\pi}\right) \qquad (2.8)$$

将式(2.8)代入式(2.7)后,可得相位差与多普勒频移间的函数关系,即

$$f_{di} = \frac{v}{d_i}\left(\Delta n_i + \frac{\Delta \phi_i}{2\pi}\right) \qquad (2.9)$$

◤ 2.3 相差变化率的无模糊测量

2.3.1 概述

相差变化率可用于无源定位[1-8],目前,对相差变化率的测量主要有两大类[2]:一类是通过相位差序列获得的,现有的提取方法主要有差分、卡尔曼滤波及线性拟合等[3];另一类是通过间接测量两个通道的鉴相输出频差推算出相位差变化率[9-11]。前一类方法必须通过连续多次测量以得到足够可用的相位差序列,并需要通过延长观测时间来提高测量精度,且有可能使所得到的相位差不是线性变化的。后一类方法在机载短基线应用的情况下,因可被测量的频差间隔值太小,等效测量时间很短,从而使测量误差变得很大,由此使推算得出的相位变化率的精度难以提高。

本节研究相差变化率的无相位模糊检测方法。首先利用相频函数推导出基于多通道相差测量的相差变化率表示式,然后将对应于基线长度的时差项从相

差变化率中剥离出来,得到在单位长度上表征波长整周数差值和相差差分特性的函数。随后进行的模拟计算发现,单位长度的程差差分函数变化是极有规律的,直接通过对实测获得的相差差分值域的判别,就能确定相应的校正数,由此可得到与整周数差分项无关且与单位长度程差差分函数等值的函数表示式。

2.3.2　相差变化率的多通道相差检测

根据变化率函数的差分关系 $\Delta\phi_i = \phi_i - \phi_{i+1}$,并直接利用式(2.6),得

$$
\begin{aligned}
\frac{\partial\Delta\phi_i}{\partial t} &= \frac{\partial\phi_i}{\partial t} - \frac{\partial\phi_{i+1}}{\partial t} \\
&= \frac{2\pi v}{d_i}\left(\Delta n_i + \frac{\Delta\phi_i}{2\pi}\right) - \frac{2\pi v}{d_{i+1}}\left(\Delta n_{i+1} + \frac{\Delta\phi_{i+1}}{2\pi}\right) \\
&= 2\pi v\left[\left(\frac{\Delta n_i}{d_i} - \frac{\Delta n_{i+1}}{d_{i+1}}\right) + \left(\frac{\Delta\phi_i}{2\pi d_i} - \frac{\Delta\phi_{i+1}}{2\pi d_{i+1}}\right)\right]
\end{aligned}
\tag{2.10}
$$

显然,为获得相差变化率需要同时获得三个相移值,即从测量的实现方法上需要采用一维双基直线阵列。对于一维双基等距直线阵列,两基线长度相等,即 $d_i = d_{i+1}$ 时,有

$$
\frac{\partial\Delta\phi_i}{\partial t} = \frac{2\pi v}{d_i}\left[\Delta n_i - \Delta n_{i+1} + \frac{\Delta\phi_i}{2\pi} - \frac{\Delta\phi_{i+1}}{2\pi}\right]
\tag{2.11}
$$

2.3.3　单位长度上的程差差分函数

2.3.3.1　相变函数的分解

将基于多通道相差检测的相差变化率:

$$
\frac{\partial\Delta\phi_i}{\partial t} = \frac{2\pi v}{d_i}\left[\Delta n_i - \Delta n_{i+1} + \frac{\Delta\phi_i}{2\pi} - \frac{\Delta\phi_{i+1}}{2\pi}\right]
\tag{2.12}
$$

分成如下两项之积:

$$
\frac{\partial\Delta\phi}{\partial t} = \phi_{t0}\cdot\Delta^2 r_\lambda
\tag{2.13}
$$

上式右边第一项为以速度 v 运动的探测平台在经历基线长度 d 之后的单位时间上的圆周角:

$$
\phi_{t0} = \frac{2\pi v}{d_i} = \frac{2\pi}{\Delta t_i}
\tag{2.14}
$$

第二项为单位长度上的程差差分项:

$$\Delta^2 r_\lambda = \Delta n_i - \Delta n_{i+1} + \frac{\Delta \phi_i}{2\pi} - \frac{\Delta \phi_{i+1}}{2\pi} = \frac{\Delta r_i - \Delta r_{i+1}}{\lambda} \qquad (2.15)$$

单位长度上的程差差分项 $\Delta^2 r_\lambda$ 又分为两项之和,前一项为对应于相邻两基线的整周数差值的差分:

$$\Delta^2 n_i = (\Delta n_i - \Delta n_{i+1}) \qquad (2.16)$$

后一项为相邻两基线相差的差分:

$$\Delta^2 \phi_i = \frac{\Delta \phi_i}{2\pi} - \frac{\Delta \phi_{i+1}}{2\pi} \qquad (2.17)$$

即有

$$\Delta^2 r_\lambda = \Delta^2 n_i + \frac{\Delta^2 \phi_i}{2\pi} \qquad (2.18)$$

2.3.3.2　变化规律

若将 $\Delta^2 r_\lambda$ 表示为随到达角 θ_i 变化的函数,则模拟计算表明,$\Delta^2 n_i$ 始终在 $(0,1)$ 之间跳变,而 $\Delta^2 \phi_i$ 在 $-1 < \Delta^2 \phi_i < 0.1$ 范围内跳变。

利用 Matlab 程序,$\Delta^2 n_i$ 的理论计算值为

$$\Delta^2 n_i = [FLX(r_i/\lambda) - FLX(r_{i+1}/\lambda)] - [FLX(r_{i+1}/\lambda) - FLX(r_{i+2}/\lambda)]$$

$$(2.19)$$

图2.2 为不同到达角度间隔时波长整周数差值差分变化曲线(为清楚起见,到达角间隔取得较大)。模拟计算表明,即使将角度的间隔取为 $0.01°$,$\Delta^2 n_i$ 仍然在 $(0,1)$ 之间跳变。

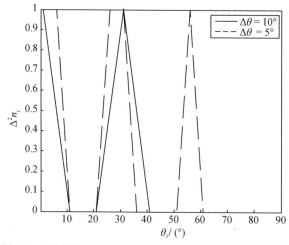

图2.2　不同到达角间隔时波长整周数差值差分变化曲线

数值小于 π 的相移理论值为

$$\phi_i = 2\pi(r_i/\lambda - n_i) \tag{2.20}$$

由此得到相差差分的理论计算式:

$$\Delta^2\phi_i = \left[(r_i/\lambda - n_i) - (r_{i+1}/\lambda - n_{i+1})\right] - \left[(r_{i+1}/\lambda - n_{i+1}) - (r_{i+2}/\lambda - n_{i+2})\right] \tag{2.21}$$

图 2.3 为不同到达角间隔时相差差分的变化曲线。

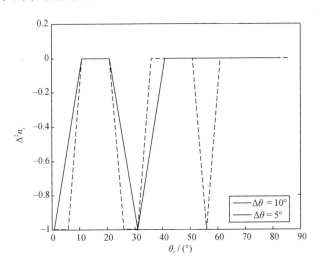

图 2.3　不同到达角间隔时相差差分的变化曲线

2.3.3.3　相位跳变的校正

模拟计算表明,单位长度的程差差分项 $\Delta^2 r_\lambda$ 的值始终小于 1。由图 2.2 和图 2.3 可见,整周数差值差分和相差差分的变化是相互对应的,如前一项存有跳变,则后一项必定也出现跳变,且前后两项之和始终是将单位长度上的程差差分项 $\Delta^2 r_\lambda$ 的大于 1 的整数部分相抵消。于是,根据前后两项之和必定抵消大于 1 的整数部分的数值变化规律,如判别存在相差差分的跳变,就可以用 ±1 对实测相差值与圆周角的比值进行修正处理。

具体的数值模拟结果是:

(1) 当 $|\Delta\phi_{12} - \Delta\phi_{23}| < \pi$ 时,取 $2\pi \cdot \Delta^2\Delta\phi_i = (\Delta\phi_{12} - \Delta\phi_{23})$;

(2) 当 $|\Delta\phi_{12} - \Delta\phi_{23}| > 2\pi$ 时,取 $2\pi \cdot \Delta^2\Delta\phi_i = (\Delta\phi_{12} - \Delta\phi_{23}) - 2\pi$;

(3) 当 $\pi < |\Delta\phi_{12} - \Delta\phi_{23}| < 2\pi$,取 $2\pi \cdot \Delta^2\Delta\phi_i = 2\pi - |\Delta\phi_{12} - \Delta\phi_{23}|$。

单位长度程差差分项的分段等值函数如下:

$$\Delta^2 r_\lambda = \begin{cases} \dfrac{\Delta\phi_i - \Delta\phi_{i+1}}{2\pi}, & \left|\dfrac{\Delta\phi_i - \Delta\phi_{i+1}}{2\pi}\right| < \dfrac{1}{2} \\[3mm] \left|\dfrac{\Delta\phi_i - \Delta\phi_{i+1}}{2\pi}\right| - 1, & \left|\dfrac{\Delta\phi_i - \Delta\phi_{i+1}}{2\pi}\right| > 1 \\[3mm] 1 - \dfrac{|\Delta\phi_i - \Delta\phi_{i+1}|}{2\pi}, & \dfrac{1}{2} < \dfrac{|\Delta\phi_i - \Delta\phi_{i+1}|}{2\pi} < 1 \end{cases} \qquad (2.22)$$

在对相位差分项的数值跳变进行修正之后,所得到的单位长度上程差差分项的分段等值函数已经与波长整周数差分项的计算无关。图 2.4 所示曲线表明,仅通过测量相差所得到的单位长度程差差分项的分段等值函数是平滑连续的。

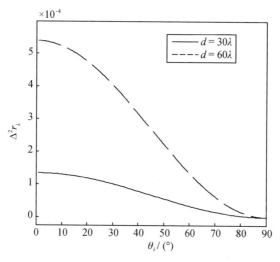

图 2.4 程差差分的分段等值函数曲线

2.3.4 小结

尽管相差变化率与机载平台的移动速度相关,但从中分解提取的单位长度程差差分函数与速度无关,这意味着基于无模糊相差变化率的测量方法与探测平台的速度无关。

2.4 相对角速度

2.4.1 概述

在机载单站无源定位系统中,通过引入对角速度的观测信息可以增大定位系统的可观测度,改善定位性能[1,12]。但角速度是关于时间导数的物理量,除采用陀螺传感器外,一般需要通过间接方法获得。

采用测角设备获取角度序列估计角度变化率的差分法,或最小二乘拟合法和卡尔曼滤波法等都要求在采样周期内,角度观测值必须是线性变化的;否则,角度变化率的测量精度将难以得到保证[13]。

文献[1]描述了利用基于相差序列测量的相位差变化率或时差变化率间接获得角速度的测量方法。事实上,基于相差序列测量的相位差变化率和时差变化率本身都是关于时间导数的物理量,且在机载单站短基线应用的情况下,无论是相位差变化率还是时差变化率,由于量级很小,所以检测相对比较困难,难以获得较高的测量精度。

本节通过对相差测向式的微分,得到了基于相差变化率和方位角测量的机载平台相对角速度计算公式。在此基础上,一方面借助一维双基阵所测得的相差值解算无模糊程差差分值,另一方面利用短基线相差测向仪给定方位值,即可实现对机载平台相对角速度的无相位模糊检测。误差分析表明,在综合考虑相差、角度和速度的测量误差之后,具有实时测量性能的新方法可实现低于 $3\mathrm{mrad/s}$ 的测量精度。

2.4.2　基本解

直接对式(2.3)微分:

$$\omega\cos\theta = \frac{1}{d}\frac{\partial \Delta r}{\partial t} = \frac{\lambda}{2\pi d}\frac{\partial \Delta\phi}{\partial t} \tag{2.23}$$

式中:ω 为角速度,$\omega = \partial\theta/\partial t$。

将式(2.23)移项整理,并将相差变化率的多通道相差检测式代入,得

$$\omega = \frac{\lambda}{2\pi d\cos\theta}\frac{\partial \Delta\phi}{\partial t}$$

$$= \frac{\lambda v}{d^2\cos\theta}\left[\Delta n_1 - \Delta n_2 + \frac{\Delta\phi_1}{2\pi} - \frac{\Delta\phi_2}{2\pi}\right] \tag{2.24}$$

进一步将相差变化率的无模糊解代入,得到基于方位角和无模糊相差差分测量的相对角速度:

$$\omega = \frac{\lambda v}{d^2\cos\theta}\Delta^2 r_\lambda \tag{2.25}$$

2.4.3　模拟计算

基于图 2.5 所示的几何关系,先预设中间阵元的径向距离 r_2,阵元间距 d,并以阵列中间的阵元为到达角的测量起始基准,使到达角 θ 在规定的区间内线性变化。随后,利用三角函数依次解出其余的径向距离和前置角。

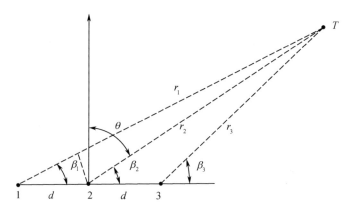

图 2.5　一维双基直线阵几何示意

在此基础上，计算角速度的理论值：

$$\omega = \frac{v\sin(90° - \theta)}{r_2} \tag{2.26}$$

用朝零方向取整函数求得各个径向距离的波长整周数，并解出数值小于 π 的相移理论值，再将 n_i 和 ϕ_i 的理论计算值代入式（2.24）或（式 2.25）解出角速度的测算值。将测算值和理论值进行比较得出基于相位检测角速度的准确性：

$$\varepsilon = \frac{|\omega - \omega_a|}{\omega} \times 100\% \tag{2.27}$$

式中：下标 a 为按式（2.24）或式（2.25）得到的测算值。

图 2.6 给出了当到达角在 $[0°, 90°]$ 范围内线性变化时，不同基线长度时机载运动平台角速度的计算误差曲线。从图中可见，计算误差与基线成正比，这也意味着在理论值和测算值之间的相对误差与径向距离成反比。模拟计算表明，相对计算误差与速度以及波长的改变基本无关。计算所用的相关参数已在图中标注。

2.4.4　误差分析

为便于误差分析，先将无模糊解退化为含有波长整周数差值的形式，并将其中的整周数差值看成常数：

$$\omega = \frac{\lambda v}{d^2 \cos\theta}\left[\Delta n_1 - \Delta n_2 + \frac{\Delta\phi_1}{2\pi} - \frac{\Delta\phi_2}{2\pi} \right] \tag{2.28}$$

对各个相差的偏微分为

$$\frac{\partial \omega}{\partial \Delta\phi_1} = \frac{\lambda v}{2\pi d^2 \cos\theta}$$

$$\frac{\partial \omega}{\partial \Delta\phi_2} = -\frac{\lambda v}{2\pi d^2 \cos\theta}$$

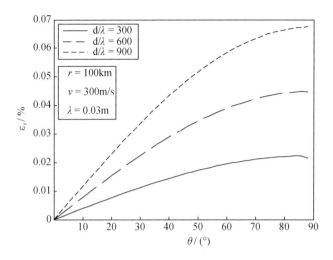

图 2.6 不同基线长度时机载运动平台角速度的计算误差曲线

$$\frac{\partial \omega}{\partial \theta} = -\frac{\lambda v \sin^2 \theta}{d^2 \cos^2 \theta} \Big[\Delta n_1 - \Delta n_2 + \frac{\Delta \phi_1}{2\pi} - \frac{\Delta \phi_2}{2\pi} \Big]$$

$$\frac{\partial \omega}{\partial v} = \frac{\lambda}{d^2 \cos \theta} \Big[\Delta n_1 - \Delta n_2 + \frac{\Delta \phi_1}{2\pi} - \frac{\Delta \phi_2}{2\pi} \Big]$$

根据误差估计理论,由相位差、角度和速度所产生的相对角速度的测量误差为:

$$\sigma_r = \sqrt{\Big(\frac{\partial \omega}{\partial v} \sigma_v \Big)^2 + \sum_{i=1}^{2} \Big(\frac{\partial \omega}{\partial \Delta \phi_i} \sigma_\phi \Big)^2 + \Big(\frac{\partial \omega}{\partial \theta} \sigma_\theta \Big)^2} \qquad (2.29)$$

式中:σ_v 为速度测量的均方根误差,分析计算时取 $\sigma_v = 0.1 \text{m/s}$;$\sigma_\phi$ 为相位差测量误差的均方根误差(rad),且一般工程测量可达到的 $\sigma_\phi = 15\pi/180$;σ_θ 为角度测量误差的均方根误差(rad),且取 $\sigma_\theta = 1°\pi/180$。

图 2.7 给出了在不同基线长度时角速度测量误差曲线。从图中可看出,如果基线与波长的比值足够大,则能在较大的到达角范围内实现小于 3mrad/s 的测量精度。

仿真计算时所采用的参数:目标距离 300km;机载平台移动速度 300m/s;波长 0.03m。

2.4.5 小结

就分析过程而言,基于多通道相差测量的角速度计算方法不仅测量精度高,而且是实时获取的。由于仅需直接测量相差,故对角度测量无必须保持线性变化的要求。

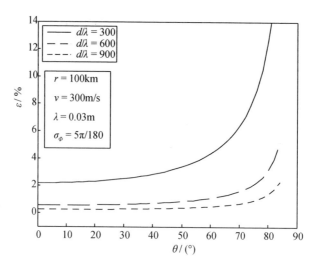

图 2.7　不同基线长度时角速度测量误差曲线

📐 2.5　径向加速度

2.5.1　概述

基于运动学原理,径向加速度能用于无源定位,且利用径向加速度信息能降低对观测器运动可观测性的限制,并能在一定程度上提高定位误差收敛速度和定位精度[1,14]。

但是在工程应用上,根据现有的研究分析,径向加速度似乎还是一个难以检测的参数。在时域,检测的难点在于需要很高的时间测量精度,约为 1/10ns 量级。在频域,由于大多数雷达信号是持续时间非常短的脉冲,其间信号频率的变化难以察觉,故由单个脉冲信号难以得到精确的参数估计,需要对信号的长时间积累以及脉冲相参性的利用[1]。此外,虽然目标相对观测器的径向加速度可以通过测量来波的载频变化率或脉冲重频变化率而获得,但事实上脉内相位调制信号的频率变化率并不能直接表征多普勒频移变化率[15]。

与现有的基于信号建模,通过分析信号的相位参数获得径向加速度的方法不同,本节利用相移与频移间的函数关系,由径向加速度的数学定义,通过对距离与相移之间的函数进行二次微分即可获得仅基于相差测量的径向加速度解析表达式。并在此基础上,根据相差变化率的无模糊相差检测法给出机载径向加速度的无模糊相差检测法。

2.5.2　基本解

径向距离变化率与相移变化率间的关系为

$$\frac{\partial r_i}{\partial t} = \frac{\lambda}{2\pi} \frac{\partial \phi_i}{\partial t}$$

由径向加速度的数学定义,对径向速度微分,得

$$a_{ri} = \frac{\partial^2 r_i}{\partial t^2} = \frac{\lambda}{2\pi} \frac{\partial^2 \phi_i}{\partial t^2} \tag{2.30}$$

将式(2.12)代入式(2.30),得

$$a_r = \frac{\lambda}{2\pi} \frac{\partial}{\partial t}\left[\frac{2\pi v}{d_1}\left(\Delta n_1 + \frac{\Delta \phi_1}{2\pi}\right)\right]$$

$$= \frac{\lambda v}{2\pi d_1} \frac{\partial \Delta \phi_1}{\partial t} \tag{2.31}$$

将式(2.14)代入式(2.30),得

$$a_r = \lambda \left(\frac{v}{d}\right)^2 \left[\Delta n_1 - \Delta n_2 + \frac{\Delta \phi_1}{2\pi} - \frac{\Delta \phi_2}{2\pi}\right] \tag{2.32}$$

进一步将相差变化率的无模糊解代入上式,得到基于无模糊相差差分测量的径向加速度为

$$a_r = \lambda \left(\frac{v}{d}\right)^2 \Delta^2 r_\lambda \tag{2.33}$$

图 2.6 为不同基线长度时基于相位检测的径向加速度计算式的相对计算误差曲线。

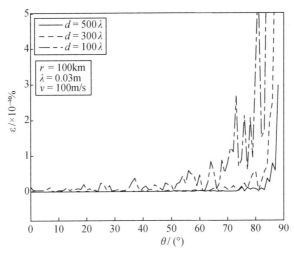

图 2.8　不同基线长度时基于相位检测的径向
加速度计算式的相对计算误差曲线

2.5.3 检测精度的估计

根据误差估计理论,由相位差、速度和基线长度所产生的径向加速度测量误差为

$$\sigma_{ar} = \sqrt{\sum_{i=1}^{2}\left(\frac{\partial a_r}{\partial \Delta\phi_i}\sigma_\phi\right)^2 + \left(\frac{\partial a_r}{\partial v}\sigma_v\right)^2 + \left(\frac{\partial a_r}{\partial d}\sigma_d\right)^2} \tag{2.34}$$

式中:σ_v 为速度测量误差的均方根误差,分析计算时取 $\sigma_v = 0.1\mathrm{m/s}$;$\sigma_\phi$ 为相位差测量误差的均方根误差(rad),且一般工程测量可达到 $\sigma_\phi = (2 \sim 10)\pi/180$;$\sigma_d$ 为基线间距的测量误差的均方根误差,$\sigma_d = 0.1\mathrm{m}$。

各个观测量的偏微分为

$$\frac{\partial a_r}{\partial \Delta\phi_1} = \frac{\lambda}{2\pi}\left(\frac{v}{d}\right)^2 \tag{2.35}$$

$$\frac{\partial a_r}{\partial \Delta\phi_2} = -\frac{\lambda}{2\pi}\left(\frac{v}{d}\right)^2 \tag{2.36}$$

$$\frac{\partial a_r}{\partial v} = \frac{2v\lambda}{d^2}\left[\Delta n_1 - \Delta n_2 + \frac{\Delta\phi_1}{2\pi} - \frac{\Delta\phi_2}{2\pi}\right] \tag{2.37}$$

$$\frac{\partial a_r}{\partial d} = -\frac{2\lambda v^2}{d^3}\left[\Delta n_1 - \Delta n_2 + \frac{\Delta\phi_1}{2\pi} - \frac{\Delta\phi_2}{2\pi}\right] \tag{2.38}$$

从各测量误差项可看出,测量误差与飞行速度和信号波长成正比,与基线长度成反比。

图 2.9 给出了不同基线长度时的测量误差曲线。从图中可看出,在载机速度为 $100\mathrm{m/s}$ 时,只要基线大于 100λ,即可使加速度的测量误差小于 $1\mathrm{m/s}^2$。σ_d 小于 1m 时对测量误差的影响不是很大。

模拟计算表明,速度对测量误差的影响比较大,如载机的飞行速度较高,则所得到的加速度将是不精确的。

2.5.4 小结

随着电子战技术的发展,越来越多的雷达采用了不确定性的信号形式,这将使径向加速度的估计问题复杂化,而本节所提出的基于相位干涉方式直接检测径向加速度的方法则能有效简化测量过程,所得到的机载径向加速度解析解无须估计来波的载频变化率或脉冲重频变化率。误差分析表明,径向加速度的测量精度与接收阵列的基线长度成正比。为获得较高的测量精度就必须增加基线长度,而长基线的相差测量必须有效解决相位模糊问题,相差变化率的无模糊相差检测方法为长基线相位测量以及机载平台观测量的实时检测提供了技术支持。

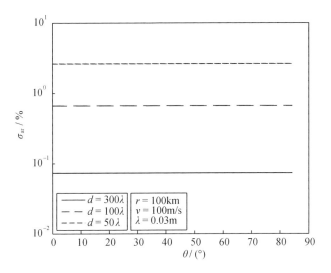

图 2.9 不同基线长度时的测量误差曲线

2.6 多普勒频率变化率

2.6.1 概述

多普勒频率变化率反映运动目标相对于观测站的径向加速度信息,获取多普勒频率变化率对于目标的定位和运动状态的估计具有非常重要的意义。但多普勒频率变化率非常微弱,尤其是对于雷达脉冲信号,由于脉冲持续时间一般很短,在信噪比和采样点数一定时,用单个脉冲实现高精度测量是非常困难的。

通常,检测多普勒频率变化率的主要方法是基于多普勒频率变化率在数学意义上与信号载频变化率相同的原理,通过估计接收信号的频率变化来得到多普勒频率变化率[16,17],即多普勒频率变化率可以通过实测辐射频率而间接测得。但目前这些估计算法不仅与接收信号调制方式相关,而且一般比较复杂。

近年来提出的检测多普勒频率变化率的一种主要方法是在数字接收机中应用数字信号处理技术,利用脉冲载频之间的相参特性,使多个脉冲形成一个连续信号,由此等效延拓信号的有效观测时间,并基于相位差分的最小二乘算法获得较高的测量精度[18,19]。但此类方法信噪比条件要求较高,并保证相位测量不出现模糊。

与采用数字信号处理方法不同,本节探讨一种直接利用相差测量技术检测多普勒变化率的方法,给出理论分析表明,如能采用较长的基线,则对多普勒频率变化率的测量误差可控制在几赫内。

2.6.2 基本解

对式(2.6)两边求导

$$f_{\mathrm{d}i} = \frac{v}{d_i}\left(\Delta n_i + \frac{\Delta\phi_i}{2\pi}\right) \tag{2.39}$$

则可得到相差变化率与多普勒变化率之间的函数关系:

$$\frac{\partial f_{\mathrm{d}1}}{\partial t} = \frac{v}{2\pi d}\frac{\partial \Delta\phi}{\partial t} \tag{2.40}$$

由相差变化率的多通道相差检测法可得

$$\frac{\partial f_{\mathrm{d}}}{\partial t} = \left(\frac{v}{d}\right)^2\left[\Delta n_1 - \Delta n_2 + \frac{\Delta\phi_1 - \Delta\phi_2}{2\pi}\right] \tag{2.41}$$

将相差变化率的无模糊解代入,可得基于无模糊相差差分测量的多普勒变化率:

$$\frac{\partial f_{\mathrm{d}}}{\partial t} = \left(\frac{v}{d}\right)^2 \Delta^2 r_\lambda \tag{2.42}$$

2.6.3 相对计算误差

将由式(2.42)所得测算值和多普勒频率变化率的理论值做比较:

$$\frac{\partial f_{\mathrm{d}}}{\partial t} = = \frac{v^2 \sin^2\theta}{\lambda r}$$

图2.10给出了当到达角在$[0°,90°]$范围内线性变化时,对于不同的基线长度,机载运动平台的多普勒频率变化率的相对计算误差曲线。从上式以及图中曲线可见,相对计算误差与基线成反比。模拟计算表明,相对计算误差与速度的改变基本无关,但与波长的改变成反比,与径向距离的变化成正比。计算所用的相关参数已在图中标注。

2.6.4 误差分析

根据误差估计理论,由相位差和速度所产生的多普勒频率变化率测量误差为

$$\sigma_f = \sqrt{\left(\frac{\partial \dot{f}_{\mathrm{d}}}{\partial v}\sigma_v\right)^2 + \sum_{i=1}^{2}\left(\frac{\partial \dot{f}_{\mathrm{d}}}{\partial \Delta\phi_i}\sigma_\phi\right)^2} \tag{2.43}$$

式中:σ_v为速度测量误差的均方根误差,分析计算时取 $\sigma_v = 0.1\mathrm{m/s}$;$\sigma_\phi$为相位差测量误差的均方根误差(rad),取 $\sigma_\phi = \pi/90$。

设 $$F_{\mathrm{d}} = \frac{v^2}{d^2}\left[\Delta n_1 - \Delta n_2 + (\Delta\phi_1 - \Delta\phi_2)/2\pi\right]$$

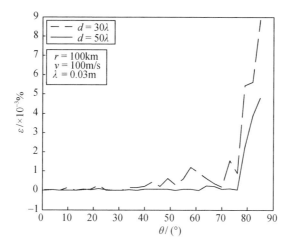

图 2.10　多普勒频率变化率的相对计算误差曲线

各个相差及速度的偏微分为

$$\frac{\partial F}{\partial \Delta \phi_1} = \frac{v^2}{2\pi d^2} \tag{2.44}$$

$$\frac{\partial F}{\partial \Delta \phi_2} = -\frac{v^2}{2\pi d^2} \tag{2.45}$$

$$\frac{\partial F_d}{\partial v} = \frac{2v}{d^2}\left[\Delta n_1 - \Delta n_2 + (\Delta \phi_1 - \Delta \phi_2)/2\pi\right] \tag{2.46}$$

从测量误差表示式可知,测量误差与机载平台的移动成正比,与基线长度成反比。显然,为降低测量误差必须增大基线长度。图 2.11 给出了不同基线长度时的多普勒频率变化率测量误差曲线。从图中可看出,在基线与波长的比值大

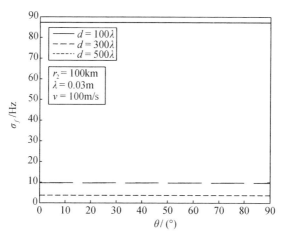

图 2.11　不同基线时的多普勒频率变化率测量误差曲线

于 500 后，多普勒变化率的测量误差可降低至几赫。

仿真计算时所采用的参数已在图中标示。

2.6.5 小结

采用基于多通道相差测量的多普勒变化率检测方法，不仅可以实时获取多普勒变化率，而且理论分析表明，只要基线足够长，就能将检测多普勒变化率的测量误差控制在几赫内。

2.7 时差变化率

2.7.1 概述

在单站无源定位中引入时差及变化率将有助于提高定位精度，且基于时差及变化率的无源定位方法具有对宽窄带信号都适用的优点[20-23]。在一般情况下，时差变化率是需要通过对时间序列的连续测量而间接得到的物理量，如此采样检测的方式将难以应用于运动平台对运动目标的实时探测。事实上，在机载单站短基线应用的情况下，对时差的测量是一件很困难的事情。

本节从理论上证明机载站的时差变化率可以间接通过相差测量而获得。事实上，由相差与时差的定位方程即可解出基于相差检测的时差表示式，进一步通过微分，并利用相移与频移间的函数关系即可得到仅基于相差检测的时差变化率。初步的误差分析说明，由于分母上具有量级很大的光速，即时差变化率与光速成反比，故基于相差测量的时差变化率的检测具有较高的测量精度。

2.7.2 时差的相差检测

将相差定位方程

$$\Delta r = r_1 - r_2 = \lambda \left(n_1 - n_2 + \frac{\phi_1 - \phi_2}{2\pi} \right) \tag{2.47}$$

和时差定位方程

$$\Delta r = r_1 - r_2 = v_c \Delta t \tag{2.48}$$

联解，可得到基于相差检测的时差测算式，即

$$\Delta t = \frac{\lambda}{v_c} \left(\Delta n + \frac{\Delta \phi}{2\pi} \right) \tag{2.49}$$

如不考虑相位模糊，则仅由相差测量所产生的时差测量误差为

$$\frac{\partial \Delta t}{\partial \Delta \phi} = \frac{\lambda}{2\pi v_c} \tag{2.50}$$

时差的测量误差曲线如图 2.12 所示。由于与数量级很大的光速成反比，基

于相差检测的时差测量误差约为 10ns。

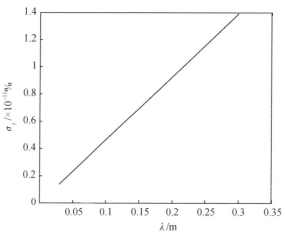

图 2.12 时差的测量误差曲线

2.7.3 时差变化率的相差检测

在基于相差检测的时差表示式两边对时间微分,得

$$\frac{\partial \Delta t}{\partial t} = \frac{\lambda}{2\pi v_c} \frac{\partial \Delta \phi}{\partial t} \quad (2.51)$$

利用相位变化率与相差之间的关系式(2.10),即可得到基于相差检测的时差变化率为

$$\frac{\partial \Delta t}{\partial t} = \frac{\lambda v}{v_c d} \left[\Delta n_1 - \Delta n_2 + \frac{\Delta \phi_1}{2\pi} - \frac{\Delta \phi_2}{2\pi} \right] \quad (2.52)$$

将相差变化率的无模糊解代入,得

$$\frac{\partial \Delta t}{\partial t} = \frac{\lambda v}{v_c d} \Delta^2 r_\lambda \quad (2.53)$$

2.7.4 测量精度

设

$$F_\phi = \frac{\lambda v}{v_c d} \left[\Delta n_1 - \Delta n_2 + \frac{\Delta \phi_1}{2\pi} - \frac{\Delta \phi_2}{2\pi} \right] \quad (2.54)$$

根据误差估计和合成理论,通过对各个参量求偏微分可求得的时差变化率测算公式中的各误差分量为

$$\frac{\partial F_\phi}{\partial \Delta \phi_1} = \frac{\lambda v}{2\pi d v_c} \quad (2.55)$$

$$\frac{\partial F_\phi}{\partial \Delta \phi_2} = -\frac{\lambda v}{2\pi d v_c} \quad (2.56)$$

$$\frac{\partial F_\phi}{\partial v} = \frac{\lambda}{dv_c}\left[\Delta n_1 - \Delta n_2 + \frac{\Delta\phi_1 - \Delta\phi_2}{2\pi}\right] \tag{2.57}$$

由相位差和速度产生的绝对测量误差为

$$\sigma_t = \sqrt{\left(\frac{\partial F_\phi}{\partial v}\sigma_v\right)^2 + \sum_{i=1}^{2}\left(\frac{\partial F_\phi}{\partial \Delta\phi_i}\sigma_\phi\right)^2} \tag{2.58}$$

式中:σ_v为速度测量误差的均方根误差,分析计算时取 $\sigma_v = 0.1\,\mathrm{m/s}$;$\sigma_\phi$为相位差测量误差的均方根误差(rad),且一般工程测量可达到 $\sigma_\phi = (2 \sim 10)\pi/180$。

从误差分量来看,增加基线长度和降低运动速度都能降低测量误差,但限于目前的技术水准,基线长度的增加是很有限的。图 2.13 给出了不同飞行速度时的测量误差曲线,显然,低速能获得更高的测量精度。

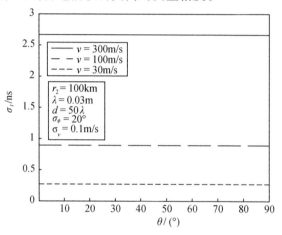

图 2.13　不同飞行速度时的测量误差曲线

3.7.5　小结

尽管短基线时差测量技术有了很大的进展,但在机载短基线应用的情况下,由于在短基线两端的时差很小,故按现有的时差测量技术,不通过载机平台的连续飞行获得时间序列,对时差及变化率的实时检测还是难以实现的。

显然,目前仅有相差测量方法适用于短基线应用,并且是一种相当成熟的测量技术。如本节的探索研究是正确的,则意味着采用相差测量技术即可在机载平台上实现对时差变化率的实时检测。但本节的研究在目前只是一种纯理论分析,如何获得应用还有待继续努力,其中所存在的问题是相差测量方式一般仅能应用于检测窄带信号,这显然与时差及变化率可适用于宽带信号的特性是不一致的,事实上这也意味着基于相差测量获得时差变化率的工作方式有可能并不适应对宽带信号的探测。

2.8　结　　语

利用相差与角度间的关系,通过距离的一阶变化可得到基于相差测量的相移变化率,由此得出了相差变化率的多通道相差检测方法。从纯数学表达的角度,通过简单的角度置换,多普勒频移就能通过相差测量而获得。这些数学上的描述延伸到物理应用层面,就能使得许多本来在探测平台上难以检测的运动参数都能通过简单的相移/差检测而获得。而最终能成功拓展应用的主要原因还应归于基于多通道相差测量的相差变化率的无模糊检测方法。

参考文献

[1] 孙仲康. 单站无源定位跟踪技术[M]. 北京:国防工业出版社,2008.

[2] 黄登才,丁敏. 测相位差变化率无源定位技术评述[J]. 现代雷达,2007,29(8):32 - 34,51.

[3] 朱伟强,黄培康,马琴. 基于相位差变化率测量的单站定位方法[J]. 系统工程与电子技术,2008,30(11):2108 - 2111.

[4] 许耀伟,孙仲康. 利用相位差变化率对运动辐射源无源被动定位[J]. 系统工程与电子技术,1999,21(8):7,8.

[5] 郭福成,贾兴江. 仅用相位差变化率的机载单站无源定位方法及其误差分析[J]. 航空学报,2009,30(6):1090 - 1095.

[6] 王强,钟丹星,郭福成,等. 仅用长基线干涉仪测量相位差变化率的运动单站无源定位方法[J]. 信号处理, 2009, 25(8A):566 - 569.

[7] 单月晖,孙仲康,皇甫堪. 基于相位差变化率方法的单站无源定位技术[J]. 国防科学技术大学学报,2001,23(16):74 - 77.

[8] 司文健,平殿发,苏峰,等. 基于相位差变化率的机载无源定位研究[J]. 舰船电子工程, 2010,30(4):76 - 79.

[9] 邓新蒲,祁颖松. 相位差变化率的测量方法及其测量精度分析[J]. 系统工程与电子技术,2001,23(1):20 - 23.

[10] 万方,丁建江,郁春来. 一种雷达脉冲信号相位差变化率测量的新方法[J]. 系统工程与电子技术, 2011, 33(6): 1257 - 1260,1304.

[11] 曾催. 相位差变化率的测量方法[J]. 航天电子对抗,2003(3):36 - 38.

[12] 周亚强,曹延伟,冯道旺. 基于视在加速度与角速度信息的单站无源定位原理与目标跟踪算法研究[J]. 电子学报,2015,33(12):2120 - 2124.

[13] 郭辉. 单站无源定位中角度变化率的测量方法研究[J]. 航天电子对抗,2011,27(3): 30 - 32,57.

[14] 孙仲康. 基于运动学原理的无源定位技术[J]. 制导与引信,2001,22(1):40 - 44.

[15] 李宏,秦玉亮,李彦鹏,等. 基于相位补偿的 BPSK 相参脉冲串信号多普勒频率变化率

估计算法[J]. 电子与信息学报,2010,32(9):2156 – 2160.

[16] 周高英. 基于多普勒变化率差值的双站无源定位算法研究[D]. 南京:南京航空航天大学,2012.

[17] 张敏. 单星无源定位中多普勒变化率测量技术研究[D]. 长沙:国防科学技术大学,2009.

[18] 王军虎,邓新蒲. 相参脉冲信号多普勒变化率测量方法[J]. 航天电子对抗,2005,21(2):41 – 43,50.

[19] 冯道旺,周一宇,李宗华. 相参脉冲序列多普勒变化率的一种快速高精度测量[J]. 信号处理,2004,20(1):40 – 43.

[20] 贾兴江,郭福成,周一宇. 基于短时时差序列的无源定位方法[J]. 航空学报,2011,48(2):291 – 298.

[21] 应文,李冬海,胡德秀. 一种基于时差变化率的单站无源定位方法[J]. 指挥信息系统与技术,2011,2(1):27 – 30,48.

[22] 霍光,李冬海. 一种对固定宽带辐射源的机载单站无源定位方法[J]. 火控雷达技术,2012,41(4):31 – 35.

[23] 应文,李冬海,胡德秀. 基于时差和时差变化率的宽带信号单站无源定位方法[J]. 电子信息对抗技术, 2012,27(2):14 – 17.

第 **3** 章

无模糊相差定位

▣ 3.1 引　　言

相位干涉技术目前主要用于无源测向,但事实上相移与距离有直接对应关系,根据对应关系即可获得与多站时差定位方程完全类似的相差定位方程。并且,与时差定位体制不同,相差定位的误差测量方程不仅与量值巨大的光速无关,而且与波长成正比。与至少需要采用十几千米长基线的时差定位技术比较,相差定位仅需比较短的基线就能实现定位探测。

相差定位在应用理论上的困难是相差测量存在周期模糊,由此导致被观测量包含未知参量,因而难以直接利用数学方程求解。

本章在第 2 章的研究基础上,展示了若干种无模糊相差定位的方法。首先分别由虚拟基线法和相差变化率的无模糊测量法给出两种无模糊相差测向方法,同时借助虚拟基线测向法分析波长整周数差值的测量误差对测向精度的影响,得出波长整周数的测算误差对测向的影响是极其有限的结论。然后,在相差变化率无模糊测量的基础上给出一种综合使用测向和测相差技术实现单站无源测距的方法。

▣ 3.2 虚拟短基线的无模糊测向

3.2.1 概述

相位干涉仪是一种具有较高测量精度的测向仪器,在无源探测系统中具有广泛的应用[1,2]。但相位干涉仪所用的鉴相设备通常以 2π 为模,只能测量 2π 范围内的相位值,当天线之间的相对相位超过 2π 后,将会导致多值模糊。现有设计为解决一维单基线结构所存在的在无模糊测量范围和测向精度之间的矛盾,通常采用多个天线构成多基线的配置形式。多基线一维相位干涉仪主要有两种解模糊方法:余数定理方法和逐次解模糊方法。其中,逐次解模糊方法是通过长、短基线结合,以及构造虚拟基线的方式来解模糊的[3-5]。

基于虚拟基线的概念,利用两个长度不等,但差值小于 $\lambda/2$ 的基线相位差,通过比值相减的方式即可实现无模糊测向。进一步利用虚拟长度小于 $\lambda/2$ 的短基线所得到的无模糊测向结果可求解出长基线的相位模糊值。但在现有虚拟基线法的分析过程中,可能还没有注意在构造虚拟短基线,以及利用虚拟短基线的无模糊测向结果求解长基线的相位模糊值的过程中所存有的相位跳变问题。且认为此类问题可能主要是由噪声、干扰等因素引起的[6-8]。

研究表明,尽管两基线长度的差值小于 $\lambda/2$,但在两径向距离间差值较大的情况下,部分的到达角方向上,波长整周数的差值将不为 0,且存有跳变。由此说明,相位跳变不是一种仅由噪声、干扰等因素引起的现象。本节详细分析研究虚拟短基线中所存在的相位模糊值不为 0 的问题,给出形式简单的修正方法。与相差变化率的无模糊检测分析类似,通过对到达角的正弦值进行判别即可实现校正,且修正因子为两基线差值的比例因子。

所展示的新方法实际上意味着,对于一维线阵,基于虚拟基线的概念,仅需采用双基配置,由两个长度不等,但差值小于 $\lambda/2$ 的基线相位差,并利用简单的校正算法即可实现无模糊测向。

3.2.2　阵列的构造

对于一维直线阵列,通过相邻两基线的长度差以获得长度小于 $\lambda/2$ 的虚拟短基线有两种方法:一种是以某一个外侧阵元为公共相位测量点进行比值相减,此时,其余两个阵元相对于此阵元而言是位于同一侧。分析表明,同侧相减可以不出现整周数的跳变,是一种不需要对整周数差值进行补偿的方法。但对于高频信号,由于波长较短,此时将遇到小于 $\lambda/2$ 的天线基线长度不可实现的问题。因此,工程实际可选用的方式只能是以中间阵元为公共相位测量端点的异侧比值相减,并且,这第二种方法从物理可实现的角度,阵列的构造必须满足各个阵元间的距离都应大于一个或数个波长的条件。图 3.1 为通过同侧与异侧相减获得虚拟短基线阵列构型。

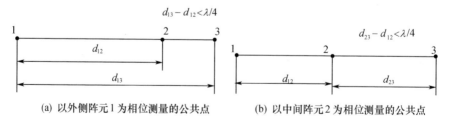

(a) 以外侧阵元 1 为相位测量的公共点　　　　(b) 以中间阵元 2 为相位测量的公共点

图 3.1　一维双基线阵列的构型

3.2.3　虚拟测向式

阵列从左方开始的第一段基线长度为

$$d_{12} = m_0 \lambda$$

式中：m_0 为表征短基线长度的系数。

以波长的比例表示两基线的差值，第二段基线长度为

$$d_{23} = d_{12} + \frac{\lambda}{m}$$

式中：m 为表征虚拟基线长度的系数，$m \geq 2$，但不一定是整数值。

将两基线相减可得基于异侧比值相减的虚拟测向式：

$$\sin\theta = \frac{\Delta r_{23} - \Delta r_{12}}{d_{23} - d_{12}}$$

$$= m\left(\Delta n_{23} - \Delta n_{12} + \frac{\Delta\phi_{23} - \Delta\phi_{12}}{2\pi} \right) \tag{3.1}$$

因两基线的长度之差小于 $\lambda/2$，故理论上有 $\Delta n_{23} = \Delta n_{12}$，于是无相位模糊测向式：

$$\sin\theta = \frac{m}{2\pi}(\Delta\phi_{23} - \Delta\phi_{12}) \tag{3.2}$$

3.2.4　相位跳变

数值分析发现，在同侧相减的过程中，因以外侧阵元的径向距离 r_1 作为相位差测量公共点，只要 m 值取得足够大，就可使程差中所包含的波长整周数的差值趋于 0，因此不会出现相位跳变。

在异侧相减的过程中，以中间径向距离 r_2 作为相位差测量公共端点的情况下，因两外侧径向距离的差值相对较大，故对应于两基线的两个程差的各自所包含的整周数差值差就将不能够全部趋于 0。

由图 3.2 所示可见，波长整周数差值差分和相差差分的变化是相互对应的，如前一项存在跳变，后一项必定也出现相反的跳变，且前、后两项之和始终是将波长整周数差值差分项大于 1 的整数部分予以抵消。

3.2.5　跳变的修正

尽管存在跳变，但整周数差值差分和相差差分之和将始终小于或等于 1，即 $0 \leq \sin\theta \leq 1$。若将波长整周数差值差分项移去，则在仅存有相差差分跳变的情况下，有

$$|a| = \left| \frac{m}{2\pi}(\Delta\phi_{23} - \Delta\phi_{12}) \right| > 1 \tag{3.3}$$

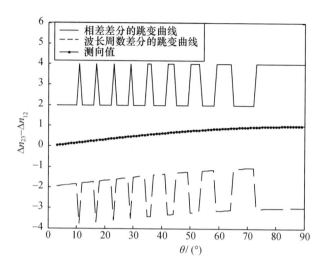

图 3.2　虚拟基线的波长周数与相差的跳变

式中:a 为出现跳变时的三角函数值。

经数值模拟计算,对应于图 3.1(b)所示的布阵结构,当 $d_{23} > d_{12}$ 时,在基线为有限长的情况下,有 $\Delta n_{23} - \Delta n_{12} = \pm 1$,即

$$\sin\theta = \pm m + \frac{m}{2\pi}(\Delta\phi_{23} - \Delta\phi_{12})$$

$$= \pm m + a \tag{3.4}$$

为实现相位无模糊,应有 $|\sin\theta| \leqslant 1$。由此可得如下校正补偿关系:

如 $a > 1$,则有

$$\sin\theta = a - m$$

即

$$\theta = \arcsin(a - m) \tag{3.5}$$

如 $a < -1$,则有

$$\sin\theta = a + m$$

即

$$\theta = \arcsin(a + m) \tag{3.6}$$

数值分析表明,如 $d_{23} < d_{12}$,则由于两外侧径向距离的差值变得更大,所以将出现 $|\Delta n_{23} - \Delta n_{12}| \leqslant 2$ 的情况,但也能按上述修正方法予以修正。

3.2.6　相对计算误差

经过补偿修正之后,在理论值和式(3.5)或式(3.6)的测算值之间的相对计算误差为

$$\varepsilon = \frac{|\theta - \theta_a|}{\theta} \times 100\% \tag{3.7}$$

式中：θ_a 为按式(3.5)或式(3.6)得到的测算值。

计算中用的相位差是基于图 3.3 所示的几何关系，利用 Matlab 软件计算得到。首先设定中间阵元的径向距离 r_2、阵元间距 d_{ij} 及波长 λ，并使到达角 θ 在规定的区间内线性变化；然后利用三角函数依次解出其余的径向距离和前置角 $\beta = 90° - \theta$。

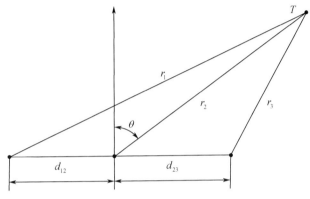

图 3.3　一维双基测向阵列

在此基础上用向零方向取整函数求得波长整周数：

$$n_1 = \mathrm{FIX}(r_1/\lambda)$$
$$n_2 = \mathrm{FIX}(r_2/\lambda)$$
$$n_3 = \mathrm{FIX}(r_3/\lambda)$$

由此解出数值小于 π 的相移理论值：

$$\phi_1 = 2\pi(r_1/\lambda - n_1)$$
$$\phi_2 = 2\pi(r_2/\lambda - n_2)$$
$$\phi_3 = 2\pi(r_3/\lambda - n_3)$$

不同差值时的相对计算误差曲线如图 3.4 所示，从图中可见，随着 m 值的逐渐增大，虽然两基线间的差值逐渐变小，但测向公式的准确度随之逐渐下降。

图 3.5 给出了 $m = 8$ 时，不同基线长度时的相对计算误差曲线。由图得到的结论是减小基线长度有助于降低相对计算误差，即能提高测算公式的准确度。

假定相位干涉仪的最高测向工作频率为 12GHz，图 3.6 给出了在 1～12GHz 频率范围内不同方位角时虚拟短基线的宽频变化特性。计算表明，基线差值的比例因子可根据最大有效测向范围而调整，如最大有效测向范围为 ±30°，则基线差值的比例因子 $m = 2$ 即可满足无相位跳变的要求。有效测向角度范围的扩大将引起相位跳变，此时需要通过加大基线差值的比例因子予以抑制。当有效

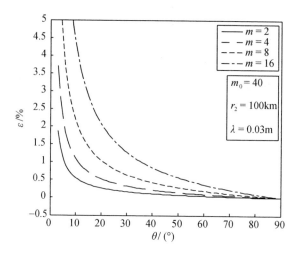

图 3.4　不同差值时的相对计算误差曲线

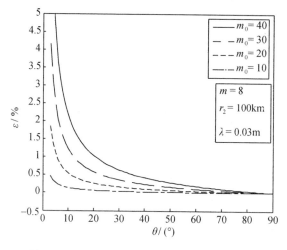

图 3.5　不同基线长度时的相对计算误差曲线

测向角度范围为 80° 时, 基线差值的比例因子 $m \geqslant 8$。

3.2.7　小结

　　本节的研究有助于提高相位干涉测向仪的工程测量精度, 但本节的分析仅是建立在对相位理想测量的状态之上的, 没有考虑接收通道的相差测量误差, 鉴于目前的技术水平, 相位测量的误差还是比较大的, 因此, 相位测量误差对虚拟基线整周数差值跳变问题具有的影响有待于进一步分析。

　　此外, 由于目前所用的测向模型是基于平行入射的假设条件近似导出的, 所以现有的分析结果仅适用于基线长度小于 100λ 的情况。作者期望能将仅基于

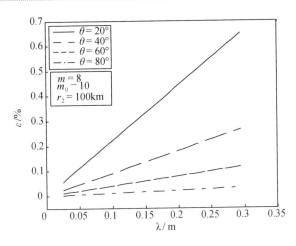

图 3.6　虚拟基线的宽频变化特性

一维双基阵的相位跳变修正法进一步拓展到更大的阵元间距,这对于安置大口径高增益天馈系统无疑是十分需要的。

3.3　波长整周数差值的测量误差对测向精度的影响

3.3.1　概述

分析表明,在波长整周数的差值与相差之间存在相关性,既然能根据互为跳变规律确定相差的实测值,也就能利用互为跳变规律,由相差实测值推算波长整周数的差值。

本节首先基于虚拟基线的无模糊相差测向解,探索研究由相差实测值推算波长整周数差值的问题,近似给出基于相差测量的波长整周数差值的表示式。其次通过分析相差测量误差对测算整周数差值的影响,推导出了波长整周数差值的均方根测量误差。在此基础上,研究分析波长整周数差值的测量误差对短基线相差测向误差的影响。

3.3.2　波长整周数的相差检测

假定入射波是平行波,基于虚拟短基线的无模糊测向解和几何相似性可列出

$$\sin\theta = \frac{\Delta r_{12}}{d_{12}} = \frac{\lambda}{d_{12}}\left(\Delta n_{12} + \frac{\Delta\phi_{12}}{2\pi}\right) = \pm m + \frac{m}{2\pi}(\Delta\phi_{23} - \Delta\phi_{12}) \qquad (3.8)$$

$$\sin\theta = \frac{\Delta r_{23}}{d_{23}} = \frac{\lambda}{d_{23}}\left(\Delta n_{23} + \frac{\Delta\phi_{23}}{2\pi}\right) = \pm m + \frac{m}{2\pi}(\Delta\phi_{23} - \Delta\phi_{12}) \qquad (3.9)$$

由此即可得出基于相差测量的波长整周数差值的表示式：

$$\Delta n_{12} = \frac{d_{12}}{\lambda} \left[\pm m + \frac{m}{2\pi} (\Delta\phi_{23} - \Delta\phi_{12}) \right] - \frac{\Delta\phi_{12}}{2\pi} \qquad (3.10)$$

$$\Delta n_{23} = \frac{d_{23}}{\lambda} \left[\pm m + \frac{m}{2\pi} (\Delta\phi_{23} - \Delta\phi_{12}) \right] - \frac{\Delta\phi_{23}}{2\pi} \qquad (3.11)$$

3.3.3　均方根测量误差

以 Δn_{12} 为例，对相差求偏微分，得

$$\frac{\partial \Delta n_{12}}{\partial \Delta\phi_{12}} = -\frac{m}{2\pi} \frac{d_{12}}{\lambda} - \frac{1}{2\pi} = -\frac{1}{2\pi} (1 + m_0 m) \qquad (3.12)$$

$$\frac{\partial \Delta n_{12}}{\partial \Delta\phi_{23}} = \frac{d_{12}}{\lambda} \frac{m}{2\pi} = \frac{m_0 m}{2\pi} \qquad (3.13)$$

式中：$m_0 = \dfrac{d_{12}}{\lambda}$，为基线与波长的比值。

根据误差分析理论，波长整周数差值的均方根测量误差为

$$\begin{aligned}
\sigma_{\Delta n} &= \sigma_{\Delta\phi} \sqrt{ \left(\frac{\partial \Delta n_{12}}{\partial \Delta\phi_{12}} \right)^2 + \left(\frac{\partial \Delta n_{12}}{\partial \Delta\phi_{23}} \right)^2 } \\
&= \sigma_{\Delta\phi} \sqrt{ \left(\frac{1}{2\pi} (1 + m_0 m) \right)^2 + \left(\frac{m_0 m}{2\pi} \right)^2 } \\
&\approx \sigma_{\Delta\phi} \sqrt{ \left(\frac{m_0 m}{2\pi} \right)^2 + \left(\frac{m_0 m}{2\pi} \right)^2 } \\
&= \sqrt{2} \frac{m_0 m}{2\pi} \sigma_{\Delta\phi}
\end{aligned} \qquad (3.14)$$

式中：$\sigma_{\Delta\phi}$ 为相差的均方根测量误差。

显然，为使 $\sigma_{\Delta n} \leqslant 1$，基线与波长的比值 m_0 应满足

$$m_0 < \frac{2\pi}{\sqrt{2} m \sigma_{\Delta\phi}} \qquad (3.15)$$

如规定相差测量的误差为 $15°$，则有 $\sigma_{\Delta\phi} = 15\pi/180$。为使波长整周数的测量误差最小，应取 $m \leqslant 2$。为避免波长整周数差值的测量误差产生周数的跳变，基线与波长的比值应满足

$$m_0 \leqslant \frac{12}{\sqrt{2}} \qquad (3.16)$$

3.3.4　对单基线测向的影响

根据式(3.8)或式(3.9)，仅由波长整周数的测算误差所产生的测向误差为

$$\sigma_{\theta n} = \frac{\partial \theta}{\partial \Delta n} \sigma_{\Delta n} = \frac{\lambda \sigma_{\Delta n}}{d \cos \theta} \tag{3.17}$$

将式(3.14)代入式(3.17),得

$$\sigma_{\theta n} = \frac{\sqrt{2}}{2\pi} \frac{\lambda m_0 m}{d \cos \theta} \sigma_{\Delta \phi} = \frac{\sqrt{2}}{2\pi} \frac{m}{\cos \theta} \sigma_{\Delta \phi} \tag{3.18}$$

由于基线与波长的比值 m_0 可约去,故由波长整周数差值的测量误差所产生的单基线测向误差与基线长度无关。进一步,当取 $m \leqslant 2, \sigma_\phi = 15\pi/180$ 时,有

$$\sigma_{\theta n} = \frac{\sqrt{2}}{12 \cos \theta} \tag{3.19}$$

由此可知,对于短基线,波长整周数的测量误差对测向的影响是极其有限的。

3.3.5　小结

通过分析揭示波长整周数差值误差对单基线相差测向精度的影响是较小的,因此,在测向误差的分析中,波长整周数差值的测算误差实际上是可忽略的。这可能是现有工程设计中对波长整周数差值的测算误差不予以重视的原因。

3.4　基于无模糊相差变化率的测向法

3.4.1　概述

本节在相差变化率的无模糊相差检测的基础上,分析并给出一种无模糊测向方法。

通过对基于多通道相差检测的相差变化率表示式的分解,得到单位长度的程差差分函数。随后的模拟计算发现,经判别和校正处理后得到的程差差分函数的曲线形状与余弦类函数十分相近,如利用测向最大值对判校函数做归一化处理,并进行简单的开平方处理,则所得到的函数与余弦函数基本等值。此时已能从原理上证明给出的结果是与多普勒测向技术等价。

在此基础上,为消除未知的测向最大值,进一步利用正交阵列将此种无需相位解缠的测向方法拓展到二维平面,通过正交比值方式将未知的测向最大值予以消除,由此即可实现仅基于相差测量且无相位模糊的实时测向。

3.4.2　归一化处理

经过相位跳变校正处理后获得的单位长度的程差差分函数与余弦类函数十分相似,假定在整个目标到达角的区间上存在并已获得单位长度的程差差分函

数的最大值,并用最大值对已相位校正的程差差分函数做归一化处理,则可得到与余弦函数很接近的函数曲线。在此基础上,通过数值比对,仅需经开方处理可构造出与余弦函数基本等值的函数,即

$$\cos\theta = \sqrt{\frac{\Delta^2 r_\lambda}{\Delta^2 r_{\lambda\max}}} \tag{3.20}$$

进一步做函数变换,可得到正弦型函数为

$$\sin\theta = \frac{\theta}{|\theta|}\sin\left[\arccos\left(\sqrt{\frac{\Delta^2 r_\lambda}{\Delta^2 r_{\lambda\max}}}\right)\right] \tag{3.21}$$

式中:$\theta/|\theta|$用于模拟曲线值的正、负符号的变换;$\Delta^2 r_{\lambda\max}$为对应于测向最大值的程差差分函数值。

现有的多普勒测向技术是通过测量两天线之间的多普勒频移的变化,且利用当多普勒频移值的跳变来确定辐射源的到达方向。与此类似,式(3.21)的正弦曲线如图 3.7 所示,就工作原理而言,其可以完全如同多普勒测向技术,通过对正值变换到负值的跳变确定辐射源的到达方向。

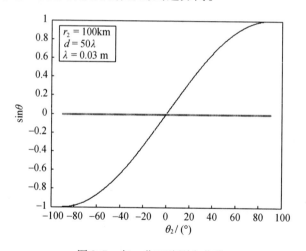

图 3.7　归一化正弦测向曲线

3.4.3　正交相差测向阵

由两个一维双基阵构成的正交相差测向阵的几何关系如图 3.8 所示。

在水平轴线上的单基相差测向公式为

$$\sin\theta = \frac{\Delta r_x}{d_x} = \frac{\lambda}{d_{12}}\left(\Delta n_{12} + \frac{\Delta\phi_{12}}{2\pi}\right) \tag{3.22}$$

在垂直轴线上的单基相差测向公式为

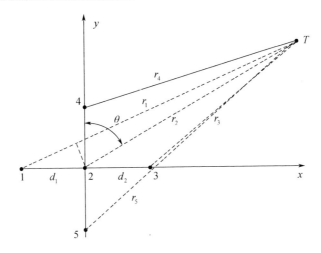

图 3.8 正交相差测向阵

$$\sin(90° - \theta) = \cos\theta = \frac{\Delta r_y}{d_y}$$

$$= \frac{\lambda}{d_{52}}\left(\Delta n_{52} + \frac{\Delta\phi_{52}}{2\pi}\right) \tag{3.23}$$

式中:下标 x、y 分别表示横轴和纵轴。

式(3.22)与式(3.23)相比可得基于相差测量的正交测向式:

$$\tan\theta = \frac{d_{12}}{d_{52}}\frac{\Delta n_{12} + \dfrac{\Delta\phi_{12}}{2\pi}}{\Delta n_{52} + \dfrac{\Delta\phi_{52}}{2\pi}} \tag{3.24}$$

3.4.4 基于相差变化率的正交无模糊测向

对各个单基相差测向公式进行微分,得

$$\omega_\theta\cos\theta = \frac{\lambda}{2\pi d_x}\frac{\partial\Delta\phi_x}{\partial t} \tag{3.25}$$

$$\omega_\theta\sin\theta = -\frac{\lambda}{2\pi d_y}\frac{\partial\Delta\phi_y}{\partial t} \tag{3.26}$$

式(3.25)和式(3.26)相比可得基于相差变化率测量的正交测向公式:

$$\tan\theta = \frac{\sin\theta}{\cos\theta} = \frac{d_x}{d_y}\frac{\partial\Delta\phi_y/\partial t}{\partial\Delta\phi_x/\partial t} \tag{3.27}$$

假定各个基线等长度,则有

$$\tan\theta = \frac{\Delta n_{52} - \Delta n_{24} + \dfrac{\Delta\phi_{52}}{2\pi} - \dfrac{\Delta\phi_{24}}{2\pi}}{\Delta n_{12} - \Delta n_{23} + \dfrac{\Delta\phi_{12}}{2\pi} - \dfrac{\Delta\phi_{23}}{2\pi}} \tag{3.28}$$

根据单位长度上的程差差分函数的定义

$$\Delta^2 r_\lambda = \Delta n_i - \Delta n_{i+1} + \frac{\Delta\phi_1}{2\pi} - \frac{\Delta\phi_{i+1}}{2\pi} = \frac{\Delta r_i - \Delta r_{i+1}}{\lambda} \tag{2.29}$$

正交测向式为

$$\tan\theta = \frac{\Delta^2 r_{\lambda y}}{\Delta^2 r_{\lambda x}} \tag{3.30}$$

且根据 3.4.2 节的分析结果,与已相位校正的程差差分函数等值的三角函数分别为

$$\cos\theta = \sqrt{\frac{\Delta^2 r_{\lambda x}}{\Delta^2 r_{\lambda x \max}}} \tag{3.31}$$

$$\sin\theta = \sqrt{\frac{\Delta^2 r_{\lambda y}}{\Delta^2 r_{\lambda y \max}}} \tag{3.32}$$

在基线长度相等的情况下,其纵横轴的测向最大值应相等:

$$\Delta^2 r_{\lambda \max} = \Delta^2 r_{\lambda x \max} = \Delta^2 r_{\lambda y \max} \tag{3.33}$$

且由 $\sin^2\theta + \cos^2\theta = 1$ 可解出:

$$\Delta^2 r_{\lambda \max} = \Delta^2 r_{\lambda x} + \Delta^2 r_{\lambda y} \tag{3.34}$$

所以有

$$\cos\theta = \sqrt{\frac{\Delta^2 r_{\lambda x}}{\Delta^2 r_{\lambda x} + \Delta^2 r_{\lambda y}}} \tag{3.35}$$

$$\sin\theta = \sqrt{\frac{\Delta^2 r_{\lambda y}}{\Delta^2 r_{\lambda x} + \Delta^2 r_{\lambda y}}} \tag{3.36}$$

事实上,由两者的比值即可消除未知的测向最大值,得到与相位模糊完全无关的正交测向公式:

$$\tan\theta = \sqrt{\frac{\Delta^2 r_{\lambda y}}{\Delta^2 r_{\lambda x}}} \tag{3.37}$$

图 3.9 给出了式(3.37)的相对计算误差,由此证明利用经过相位跳变校正之后的单位长度上的程差差分函数所得到正交测向公式是正确的,并且计算结果还表明,基线越长,越正确。

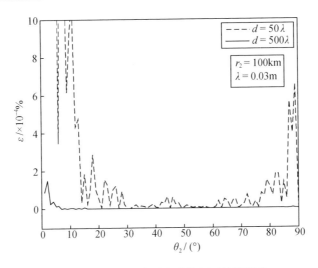

图 3.9　无模糊正交测向式的相对计算误差

3.4.5　小结

就本节的分析过程而言,单基线相差差分测向公式主要阐明基于相差变化率的无模糊测向技术的工作原理,而双基正交阵列的相差差分测向方法则能直接用于工程设计。由于单位长度上的程差差分函数本身与速度无关,故基于机载相差变化率得出的测向方法可适用于任何探测平台。

本节给出的方法不仅为无模糊测向提供了新的发展思路,而且为基于相差变化率的无源定位提供了新的技术方法。

▌3.5　综合使用测向与测相差的单站定位方法

3.5.1　概述

相位差变化率可用于无源定位[9-15],但实际的工程应用进展似乎并不大,其中的一个主要原因是在现有的定位设计中仅从解相位模糊需要的角度研究波长整周数的计算问题,但并没有真正地研究分析波长整周数跳变对整个定位精度的影响问题。

分析表明,波长整周数差值对测距误差有很大的影响,这从物理层面是很好理解的,如波长整周数存在一个跳变,则相差测量的结果将是完全不正确的。因此,为实现基于相差测量的定位方法,理想的设计是必须实现无波长整周数差值的跳变。

本节在相差变化率无模糊测量的基础上给出一种综合使用测向和测相差的

单站无源定位方法。

首先,通过对基于相差测量的单基中点测向式进行微分,并基于相差变化率的多通道相差检测方法,将基于相差变化率的测距公式转换为基于相差测量的直接测距公式。在此基础上,一方面利用波长整周数差值的测量误差对相差测向精度的影响是十分有限的特性,直接采用测向技术确定公式中所包含的方位函数项;另一方面利用无模糊相差变化率测量方法确定与单位波长的相差变化率相关的函数项,避免对波长整周数差值的检测。

误差分析证明,由此设计方法得到的测距精度接近于无波长整周数差值的测量误差时的相对测距误差理论值,从纯理论分析所得到的结果是,仅需总长度约 600λ 的基线即可对 $300km$ 外的远距目标实现 $5\% R$ 的测量要求。

出于比对分析的需要,本节给出波长整周数差值的测量误差对相对测距误差的影响。

3.5.2　基于相差变化率的测距式

对单基中点相差测向公式:

$$\sin\theta = \frac{\Delta r_i}{d} = \frac{\lambda}{d}\left(\Delta n_i + \frac{\Delta\phi_i}{2\pi}\right) \tag{3.38}$$

式(3.38)微分可得

$$\omega\cos\theta = \frac{\lambda}{2\pi d}\frac{\partial\Delta\phi}{\partial t} \tag{3.39}$$

因 $\omega = v\cos\theta/r$,将其代入式(3.39)可解出基于相差变化率的测距式:

$$r = \frac{2\pi}{\lambda}\frac{dv\cos^2\theta}{\dfrac{\partial\Delta\phi}{\partial t}} \tag{3.40}$$

将式(2.12)代入式(3.40),得

$$r = \frac{d^2\cos^2\theta}{\lambda\left[\Delta n_{12} - \Delta n_{23} + \dfrac{\Delta\phi_{12}}{2\pi} - \dfrac{\Delta\phi_{23}}{2\pi}\right]} \tag{3.41}$$

注意,式(3.41)与速度无关。

3.5.3　与双基测距解的等价证明

将式(3.41)分子上的余弦项变换为相差的函数,得

$$\cos^2\theta = 1 - \sin^2\theta = 1 - \left(\frac{\Delta r_2}{d}\right)^2$$

$$= 1 - \left(\frac{\lambda}{d}\right)^2\left(\Delta n_{23} + \frac{\Delta\phi_{23}}{2\pi}\right)^2 \tag{3.42}$$

由此可得测距解为

$$r = \frac{\lambda \left[\dfrac{d^2}{\lambda^2} - \left(\Delta n_{23} + \dfrac{\Delta \phi_{23}}{2\pi} \right)^2 \right]}{\left[\Delta n_{12} - \Delta n_{23} + \dfrac{\Delta \phi_{12}}{2\pi} - \dfrac{\Delta \phi_{23}}{2\pi} \right]} \tag{3.43}$$

可以证明,测距式(3.43)仅是一维双基直线阵的线性解的变形,即

$$r_{i+1} = \frac{2d^2 - \Delta r_i^2 - \Delta r_{i+1}^2}{2(\Delta r_i - \Delta r_{i+1})}$$

因 $\Delta r_i^2 \approx \Delta r_{i+1}^2$,将式(2.2)代入上式得

$$r_{i+1} = \frac{d^2 - \Delta r_{i+1}^2}{\Delta r_i - \Delta r_{i+1}} = \frac{\lambda \left[\dfrac{d^2}{\lambda^2} - \left(\Delta n_{23} + \dfrac{\Delta \phi_{23}}{2\pi} \right)^2 \right]}{\left[\Delta n_{12} - \Delta n_{23} + \dfrac{\Delta \phi_{12}}{2\pi} - \dfrac{\Delta \phi_{23}}{2\pi} \right]} \tag{3.44}$$

由此证明,基于相差变化率的测距式和基于一维双基阵所导出的相差测距解是等价的。

3.5.4　波长整周数差值对相差定位精度的影响

过渡函数

$$p = \lambda \left[\frac{d^2}{\lambda^2} - \left(\Delta n_{23} + \frac{\Delta \phi_{23}}{2\pi} \right)^2 \right]$$

$$q = \left[(\Delta n_{12} - \Delta n_{23}) + \left(\frac{\Delta \phi_{12}}{2\pi} - \frac{\Delta \phi_{23}}{2\pi} \right) \right]$$

即有 $r = p/q$。

过渡函数对各个相差参量的偏微分为

$$\frac{\partial p}{\partial \Delta \phi_{12}} = 0$$

$$\frac{\partial p}{\partial \Delta \phi_{23}} = -\left(\Delta n_{23} + \frac{\Delta \phi_{23}}{2\pi} \right) \frac{\lambda}{\pi}$$

$$\frac{\partial q}{\partial \Delta \phi_{12}} = \frac{1}{2\pi}$$

$$\frac{\partial q}{\partial \Delta \phi_{23}} = -\frac{1}{2\pi}$$

由波长整周数差值产生的误差为

$$\frac{\partial p}{\partial \Delta n_{12}} = 0$$

$$\frac{\partial p}{\partial \Delta n_{23}} = -2\lambda \left(\Delta n_{23} + \frac{\Delta \phi_{23}}{2\pi} \right)$$

$$\frac{\partial q}{\partial \Delta n_{12}} = 1$$

$$\frac{\partial q}{\partial \Delta n_{12}} = -1$$

根据误差估计理论,相对测距测量误差为

$$\sigma_r = \frac{\sigma_{\Delta\phi}}{r} \sum_{i=1}^{2} \left| \frac{\partial r}{\partial \Delta\phi_i} \right| + \frac{\sigma_{\Delta n}}{r} \sum_{i=1}^{2} \left| \frac{\partial r}{\partial \Delta n_i} \right| \tag{3.45}$$

式中:$\sigma_{\Delta\phi}$为相位差测量误差的均方根误差,取 $\sigma_{\Delta\phi} = 15\pi/180$;$\sigma_{\Delta n}$为波长整周数差值测量误差的均方根误差,且根据最近的分析结果[9]取 $\sigma_{\Delta n} = \sqrt{2}d\sigma_{\Delta\phi}/(\pi\lambda)$。

图 3.10 给出了不同波长整周数差值测量误差时的相对测距误差曲线。从图可看出,波长整周数差值的测量误差对测距精度的影响很大,如能将波长整周数差值的测量误差控制在较小的量值,则通过选取较长的基线长度,能使测距误差满足 5% R 的要求。

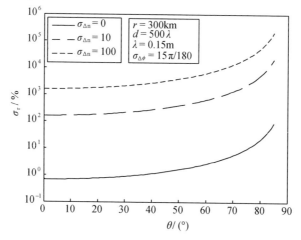

图 3.10　不同波长整周数差值测量误差时的相对测距误差曲线

3.5.5　无模糊测距

由式(3.41),用经过校正的单位长度上的程差差分项来取代相差变化率测距式的分母项,得

$$r = \frac{d^2\cos^2\theta}{\lambda \, \Delta^2 r_\lambda} \tag{3.46}$$

对于单位长度的程差差分项,只要跳变是明显变化的,就能通过校正将整周数差值项去除掉,于是只存在相差差分项,且校正加入的仅是常数。意味着利用单位长度上程差差分项的测量将仅存在相差测量误差。

另外,直接利用测向技术确定相差变化率测距式分子上的三角余弦项,尽管角度一般采用相位干涉技术测量,这事实上意味着存在相位模糊;但前面分析已经表明,波长整周数差值的测量误差对测向精度的影响很小。

3.5.6 误差分析

由相差参量所产生的测距误差分量为

$$\frac{\partial r}{\partial \Delta \phi_{12}} = -\frac{d^2 \cos^2 \theta}{2\pi \lambda \left(\Delta^2 r_\lambda\right)^2} \tag{3.47}$$

$$\frac{\partial r}{\partial \Delta \phi_{23}} = \frac{d^2 \cos^2 \theta}{2\pi \lambda \left(\Delta^2 r_\lambda\right)^2} \tag{3.48}$$

由角度测量所产生的测距误差分量为

$$\frac{\partial r}{\partial \theta} = -\frac{d^2 \sin^2 \theta}{\lambda \; \Delta^2 r_\lambda} \tag{3.49}$$

根据误差估计理论,相对测距测量误差为

$$\sigma_r = \frac{\sigma_{\Delta \phi}}{r} \sum_{i=1}^{2} \left| \frac{\partial r}{\partial \Delta \phi_i} \right| + \frac{\sigma_\theta}{r} \left| \frac{\partial r}{\partial \theta} \right| \tag{3.50}$$

式中:$\sigma_{\Delta \phi}$ 为相差测量误差的均方根误差,取 $\sigma_{\Delta \phi} = 15\pi/180$;$\sigma_\theta$ 为角度测量误差的均方根误差,取 $\sigma_\theta = 0.5\pi/180$。

图 3.11 给出了不同基线长度时的相对测距误差曲线。从图中可看出,通过选取较长的基线长度,能使测距误差满足 5%R 的要求。

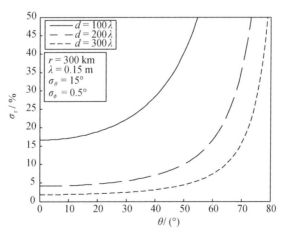

图 3.11 不同基线长度时相对测距误差曲线

3.5.7 小结

事实上,基于相差变化率测距解与一维双基测距解的等价性,也可以将综合使用测向和测相差技术实现的单站无源定位方法认为是首先通过对一维双基测距解的变形处理,然后利用相差变化率的无模糊检测法而得出的。

分析表明,基于相差测量的测向观测可以忽略波长整周数差值的测量误差的影响,而直接基于相差测量的定位方法不仅需要解模糊,而且必须重视与解决波长整周数差值的测量误差问题。本节的分析表明,波长整周数差值的测量误差对测距精度的影响很大,这也是直接相差定位与间接相位干涉测向之间的区别。

参考文献

[1] 刘满吵. 无线电测向方法研究[D]. 兰州:兰州大学,2013 年.

[2] 张清清. 基于相关干涉的测向技术研究[D]. 成都:电子科技大学,2011 年.

[3] 马华山. 一种三基线相位干涉仪测向天线阵设计与测向算法的工程实现[J]. 电信技术研究,2011(1):28 – 33.

[4] 蒋学金,高遐,沈扬. 一种多基线相位干涉仪设计方法[J]. 电子信息对抗技术,2008,23(4):39 – 45.

[5] 曲志昱,司锡才. 基于虚拟基线的宽带被动导引头测向方法[J]. 弹箭与制导学报,2007,27(4):92 – 95.

[6] 李淳,廖桂生,李艳斌. 改进的相关干涉仪测向处理方法[J]. 西安电子科技大学学报,2006,33(3):400 – 403.

[7] 潘奎,陈蓓,潘英锋,等. 比相体制导引头对相干源测向定位的建模与仿真[J]. 空军雷达学院学报,2012,26(3):166 – 169.

[8] 吴奉微. 短波频段宽带测向试验系统关键算法研究[D]. 成都:电子科技大学,2012.

[9] 黄登才,丁敏. 测相位差变化率无源定位技术评述[J]. 现代雷达,2007,29(8):32 – 34,51.

[10] 朱伟强,黄培康,马琴. 基于相位差变化率测量的单站定位方法[J]. 系统工程与电子技术,2008,30(11):2108 – 2111.

[11] 许耀伟,孙仲康. 利用相位差变化率对运动辐射源无源被动定位[J]. 系统工程与电子技术,1999,21(8):7,8.

[12] 郭福成,贾兴江. 仅用相位差变化率的机载单站无源定位方法及其误差分析[J]. 航空学报,2009,30(6):1090 – 1095.

[13] 王强,钟丹星,郭福成,等. 仅用长基线干涉仪测量相位差变化率的运动单站无源定位方法[J]. 信号处理,2009,25(8A):566 – 569.

[14] 单月晖,孙仲康,皇甫堪. 基于相位差变化率方法的单站无源定位技术[J]. 国防科学技术大学学报,2001,23(16):74 – 77.

[15] 司文健,平殿发,苏峰,等. 基于相位差变化率的机载无源定位研究[J]. 舰船电子工程,2010,30(4):76 – 79.

第 4 章
单基站无源定位

■ 4.1 引　言

本章给出若干种单基站无源定位方法。首先介绍固定单站纯方位目标运动参数的解析方法,对此问题的研究已有 60 多年,由于仅考虑距离与速度之间的关系,故原有的纯方位目标运动分析的研究历史似乎是十分复杂而又艰难的。作者通过引入自时差测量方程,并充分利用简单的平面几何关系,完整地给出了固定单站纯方位无源定位的解析计算公式,且通过一次迭代计算,即能消除计算过程中存在的病态特性,获得准确的计算结果。本书所提出的新方法突破了现有的固定单站纯方位无源探测仅能获得目标航向,以及速度与初始距离比值的局限性。

此外,通过对固定单站纯方位目标定位问题的解析分析,给出了相邻距离不等时移动目标航向角的检测方法。在已有的固定单站无源定位系统对目标航向的纯方位估计的推导过程中通常采用相邻的目标飞行距离必须相等的附加条件,这极大地限制了工程可应用性。通过综合利用几何关系和单站自时差方程,即可给出确定目标相邻飞行距离之比的时差等值关系,进而推导出基于时差与方位测量信息求解相邻飞行距离不等时目标航向角的计算式。

在载机匀速移动及定周期探测的情况下,基于多普勒频率变化率的数学定义,且利用速度矢量与其分量间的关系,以及径向速度与多普勒频移间的关系,即可以得到仅基于多普勒频移测量的机载单站直接测距公式。然而,因测距表达式包含速度参量,所以这种分析思路不适用于固定单站以有源或无源的方式对移动速度未知的目标进行测距。4.4 节进一步拓展已有的分析方法,推导出不包含被测目标或探测平台本身移动速度,仅与多普勒频移测量值相关的直接测距公式,且模拟验证表明相对测算误差更低。

4.5 节给出航天器运行速度的单站多普勒测算方法,且方法也能应用于无源定位。仅基于多普勒频移测量技术只能得到径向速度,故通常需要三个地面站同时工作才能获得移动目标的运行速度。对于航天飞行器,如按照多站多普勒测轨法,至少需要两个或者两个以上的观测站进行六次独立的测量。如仅利用一个地面站探测深空航天器在垂直于视线方向的速度,则必须从数天连续记录的径向多普勒数据中分析得到。作者的研究表明,通过综合利用速度矢量方程、多普勒频移及变化率关系,可给出一种仅通过地面单站对卫星信标信号进行三次实时测频即可探测得到航天器运行速度的方法。模拟计算验证了推导公式的正确性,而测频误差分析表明测算公式的测量精确度与信标信号的波长成反比,并能够较为准确地确定航天器的运行速度。

4.6 节给出了基于等距测量对匀速直线运动目标航向进行纯方位估计的方法。已有的分析已证明,在二维平面上,静止单站通过至少三次以上的纯方位测量,便可以估计匀速运动目标的航向。然而事实上,在现有的分析过程中都含有时间参量,仅此而言,所需获取的信息似乎并不是纯方位的。本节的分析表明,在二维平面上,对于匀速直线运动目标,假定静止单站能够在目标移动路径上等间距连续三次获取目标的方位信息,就能采用纯几何的计算方法,在与时间参量的检测完全无关的情况下,由目标的移动轨迹线方程和测站与目标间的方位线方程推导出目标航向角的解析表示式。

◼ 4.2　固定单站纯方位目标运动参数的解析方法

4.2.1　概述

在被动测量的情况下,仅利用目标的方位信息估计目标运动参数的过程称为纯方位目标运动分析。对运动目标的纯方位观测是一个经典问题,至今为止的研究结果是,在二维平面上,当目标不在相对于单观测站的径向方向运动时,利用静止单观测站观测匀速直线运动目标的方位以及时差,仅可以估计出目标的航向角、目标通过航路匀径点的时刻以及速度与初距的比值[1,2]。

事实上,已有的纯方位目标运动分析是包含时差测量的,严格地说,应称为单基站时差—方位定位法。现有的包含移动时差的纯方位目标运动分析之所以得不到完整的定位解,原因在于仅利用了距离与速度之间的关系,而没有很好地利用基于时差测量的关系。事实上,固定单站还可以依据时差观测建立自时差测量方程。

采用最小二乘法能实现纯方位目标运动分析[3-6],但这不是本节所探讨的方法。本节基于几何和时差约束条件研究纯方位观测的解析方法。首先利用自时差方程和几何关系证明目标端相邻移动距离之比近似等于观测处相邻观测时差之比,然后利用前置角与观测方位角之间的几何关系解出目标端的前置角和航向角。随后的分析表明,一旦利用三角函数关系解算得到相邻移动距离的比

无源探测定位技术

值,并通过一次迭代计算再次求得准确度更高的前置角,就可直接从自时差方程准确地求得移动目标的各个运动参数。所提出的新方法突破了现有的仅利用距离与速度之间关系的固定单站纯方位无源探测仅能获得目标航向,以及速度与初始距离比值的局限性。

4.2.2　自时差测量方程

固定单站与被测目标间的几何关系如图 4.1 所示,在短时间内假定目标近似匀速直线运动,固定观测单站连续观测目标的方位角,同时测量两次测向之间的时差值。

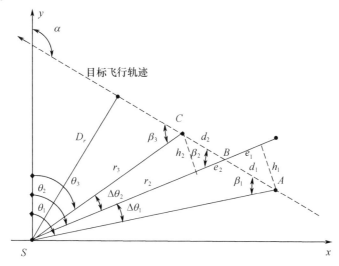

图 4.1　固定单站与被测目标间的几何关系

假定目标在位置 A 时的发射信号的时间值为 T_0,则观测站所接收到的来波信号的时间为

$$T_1 = T_0 + \frac{r_1}{v_c} \tag{4.1}$$

式中:r_1 为目标在位置 A 处与探测站之间的径向距离;v_c 为波的传播速度。

当目标移动到位置 B 时,分段考虑信号传播和目标移动所花费的时间,固定观测站接收到的来自位置 A 处且从 T_0 时刻算起的时间累加为

$$T_2 = T_0 + \Delta t_1 + \frac{r_2}{v_c} \tag{4.2}$$

式中:r_2 为目标在位置 B 处的径向距离;Δt_1 为目标从 A 移动到 B 的时间间隔,$\Delta t_1 = d_1/v$(v 为目标的移动速度)。

两观测时间之差为

$$\Delta T_1 = T_2 - T_1 = \Delta t_1 + \frac{|r_2 - r_1|}{v_c} \tag{4.3}$$

同理可得

$$\Delta T_2 = T_3 - T_2 = \Delta t_2 + \frac{|r_3 - r_2|}{v_c} \tag{4.4}$$

式中:Δt_2 为目标从 B 移动到 C 的时间间隔,$\Delta t_2 = d_2 / v$。

因自时差是目标移动时间与电波在路程差的移动时间之和,为满足物理观察的真实性和计算公式的普遍适用性,必须对程差加绝对值符号;否则,一旦目标的移动航向改变,路程之差就有可能出现负值,此时对分段移动时间间隔的累加行为将无法保持。

对观测时差移项整理,得

$$v_c \Delta t_1 + |r_2 - r_1| = v_c \Delta T_1 \tag{4.5}$$

$$v_c \Delta t_2 + |r_3 - r_2| = v_c \Delta T_2 \tag{4.6}$$

4.2.3 移动距离与观测时差的比值

根据图 4.1 所示的几何关系,可以得到方位的相邻角度差 $\Delta\theta$:

$$\tan\Delta\theta_1 = \frac{d_1 \sin\beta_2}{r_2 + d_1 \cos\beta_2} \tag{4.7}$$

$$\tan\Delta\theta_2 = \frac{d_2 \sin\beta_2}{r_2 - d_2 \cos\beta_2} \tag{4.8}$$

式中:d_i 为目标在 Δt_i 时间内的移动距离;β_i 为目标的前置角;角度差 $\Delta\theta_i = \theta_{i+1} - \theta_i$ 可通过纯方位检测获得的,其中,θ_i 为在探测站位置处所测量得到的目标方位角。

式(4.7)和式(4.8)通过变形整理,且联解消去径向距离 r_2,可得相邻移动距离的比值:

$$\xi_d = \frac{d_2}{d_1} = \frac{\tan\Delta\theta_2}{\tan\Delta\theta_1} \frac{\tan\beta_2 - \tan\Delta\theta_1}{\tan\beta_2 + \tan\Delta\theta_2} \tag{4.9}$$

若前置角未知,则不能确定目标相邻移动距离的比值。由图 4.1 所示的几何关系还可得

$$\tan\Delta\theta_1 = \frac{r_1 \sin\Delta\theta_1}{r_2 + d_1 \cos\beta_2} \tag{4.10}$$

$$\tan\Delta\theta_2 = \frac{r_3 \sin\Delta\theta_2}{r_2 - d_2 \cos\beta_2} \tag{4.11}$$

当 $\Delta\theta_i$ 较小时,有 $\tan\Delta\theta_i \approx \sin\Delta\theta_i$,将其代入式(4.10)和式(4.11),得

$$|r_2 - r_1| \approx d_1 \cos\beta_2 \tag{4.13}$$

$$|r_3 - r_2| \approx d_2 \cos\beta_2 \tag{4.14}$$

将上述关系代入式(4.5)和式(4.6),并将式中的移动时间间隔用移动距离与移动速度的比值置换,得

$$\left(\frac{v_c}{v} + \cos\beta_2\right)d_1 = v_c \Delta T_1 \tag{4.15}$$

$$\left(\frac{v_c}{v} + \cos\beta_2\right)d_2 = v_c \Delta T_2 \tag{4.16}$$

式(4.15)与式(4.16)比可得在目标相邻移动距离之比与观测站相邻时差之比之间的近似关系式

$$\xi_d = \frac{d_2}{d_1} = \frac{\Delta T_2}{\Delta T_1} \tag{4.17}$$

事实上,在匀速飞行的情况下,因为 $d_i = v\Delta t_i$,故有

$$\xi_d = \frac{d_2}{d_1} = \frac{\Delta t_2}{\Delta t_1} \tag{4.18}$$

即近似有恒等式

$$\xi_d = \frac{d_2}{d_1} = \frac{\Delta T_2}{\Delta T_1} = \frac{\Delta t_2}{\Delta t_1} \tag{4.19}$$

由于观测时间差 ΔT_i 可通过测量获得,故移动距离之比可近似确定。

4.2.4 目标的前置角和航向角

4.2.4.1 计算公式

将式(4.17)代入式(4.9),即可解出目标的前置角:

$$\beta_2 = \arctan\left[\frac{\tan\Delta\theta_1 + \xi_t \tan\Delta\theta_2}{1 - \xi_t}\right] \tag{4.20}$$

式中

$$\xi_t = \frac{\Delta T_2 \cdot \tan\Delta\theta_1}{\Delta T_1 \cdot \tan\Delta\theta_2}$$

由内外角关系 $\alpha = \theta_i + \beta_i$,可解出航向角:

$$\alpha_a = \theta_2 + \arctan\left[\frac{\tan\Delta\theta_1 + \xi_t \tan\Delta\theta_2}{1 - \xi_t}\right] \tag{4.21}$$

4.2.4.2 相对计算误差

图4.2给出了当前置角在第一象限内变化时,对于不同的起始测量方位角,航向角的真实值 α 与计算值 α_a 间的相对误差比对。其计算式为

$$\varepsilon_\alpha = \frac{|\alpha - \alpha_a|}{\alpha} \times 100\% \tag{4.22}$$

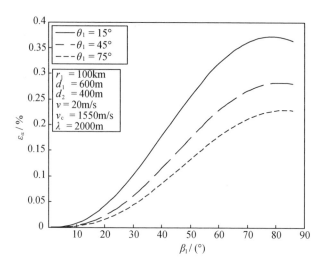

图 4.2　航向角的真值与计算值之间的相对误差比对

模拟计算证明,航向角的解析计算结果是相当准确的,且方位起始角越大,计算越准确。

4.2.4.3　象限范围

模拟计算表明,式(4.21)仅适用于在 $0° < \beta_1 < 180°$ 范围内使用,但事实上,当 $\beta_1 > 180°$ 时,可认为目标是沿着图 4.1 所示轨迹的反方向运动,因此,仅需对算术符号做相应的改变,即可使推导出的公式适用于整个平面范围。

在 $90° < \beta_1 < 180°$ 时的计算公式为

$$\beta_2 = 180° + \arctan\left[\frac{\tan\Delta\theta_1 + \xi_t \tan\Delta\theta_2}{1 - \xi_t}\right] \qquad (4.23)$$

航向角的计算公式为

$$\alpha_a = \theta_2 + 180° + \arctan\left[\frac{\tan\Delta\theta_1 + \xi_t \tan\Delta\theta_2}{1 - \xi_t}\right] \qquad (4.24)$$

模拟计算表明,改变相邻飞行距离的比值对计算误差所造成的影响很小。这也说明,在小角度时,由正弦函数与正切函数之间的近似相等所产生的误差是极其微小的。

4.2.5　一次迭代解

数学计算表明,如利用各个运动参量的纯理论值,则从自时差方程组即可得到极其准确的结果。事实上,由相邻观测时差 ΔT_i 之比给出的相邻移动距离 d_i 的比值 ξ_d 是在忽略程差项的近似简化条件下获得的。且模拟演算表明,尽管在此种近似下所获得的航向角是足够准确的,但如将此近似获得的移动距离比值代入自时差方程后去求解其他未知参量,则会得不到准确解,微小的数值变化即可使方程的计算准确性变差。

为此,作为一种迭代算法,在求得前置角之后,通过求解移动距离和径向距离之间的比值,以及径向距离之间的比值,再按几何定义进行计算,得到准确性更高的相邻移动距离的比值。

首先利用式(4.10)和式(4.11)解出仅和测算值 β_2 相关的移动距离与径向距离的比值计算式:

$$\frac{d_1}{r_2} = \frac{\tan\Delta\theta_1}{\sin\beta_2 - \tan\Delta\theta_1\cos\beta_2} \tag{4.25}$$

$$\frac{d_2}{r_2} = \frac{\tan\Delta\theta_2}{\sin\beta_2 + \tan\Delta\theta_2\cos\beta_2} \tag{4.26}$$

然后由余弦定理得到仅与测算值 β_2 相关的径向距离间的比值:

$$\frac{r_1}{r_2} = \sqrt{1 + \left(\frac{d_1}{r_2}\right)^2 + 2\frac{d_1}{r_2}\cos\beta_2} \tag{4.27}$$

$$\frac{r_3}{r_2} = \sqrt{1 + \left(\frac{d_2}{r_2}\right)^2 - 2\frac{d_2}{r_2}\cos\beta_2} \tag{4.28}$$

由目标的移动轨迹和径向距离所围成的几何三角形可得

$$d_1^2 = r_1^2 + r_2^2 - 2r_1r_2\cos\Delta\theta_1$$

$$= r_2^2\left(\frac{r_1^2}{r_2^2} + 1 - 2\frac{r_1}{r_2}\cos\Delta\theta_1\right) \tag{4.29}$$

$$d_2^2 = r_2^2 + r_3^2 - 2r_2r_3\cos\Delta\theta_2$$

$$= r_2^2\left(1 + \frac{r_3^2}{r_2^2} - 2\frac{r_3}{r_2}\cos\Delta\theta_2\right) \tag{4.30}$$

由此重新得到关于目标移动距离的比值,即

$$\xi_d' = \frac{d_2}{d_1} = \sqrt{\frac{1 + \dfrac{r_3^2}{r_2^2} - 2\dfrac{r_3}{r_2}\cos\Delta\theta_2}{\dfrac{r_1^2}{r_2^2} + 1 - 2\dfrac{r_1}{r_2}\cos\Delta\theta_1}} \tag{4.31}$$

其中,相邻径向距离的比值可由式(4.27)和式(4.28)确定。但注意此时仍有

$$\xi_d' = \frac{d_2}{d_1} = \frac{v\Delta t_2}{v\Delta t_1} = \frac{\Delta t_2}{\Delta t_1} \tag{4.32}$$

但

$$\xi_d' \neq \frac{\Delta T_2}{\Delta T_1}$$

将式(4.31)代入式(4.9),可得出准确性更高的目标前置角:

$$\beta_2 = \arctan\left[\frac{\tan\Delta\theta_1 + \xi_t'\tan\Delta\theta_2}{1 - \xi_t'}\right] \qquad (4.33)$$

式中

$$\xi_t' = \frac{\tan\Delta\theta_1}{\tan\Delta\theta_2}\xi_d'$$

4.2.6 运动参数

4.2.6.1 移动速度

在自时差方程中,先将目标的移动时差用移动距离与速度的比值取代,则由两个自时差方程之比得

$$\frac{\frac{v_c}{v}d_1 + |r_2 - r_1|}{\frac{v_c}{v}d_2 + |r_3 - r_2|} = \frac{\Delta T_1}{\Delta T_2} \qquad (4.34)$$

再将径向距离 r_2 提取出来,经整理后,有

$$\frac{v_c}{v}\frac{d_1}{r_2} + \left|1 - \frac{r_1}{r_2}\right| = \frac{\Delta T_1}{\Delta T_2}\frac{v_c}{v}\frac{d_2}{r_2} + \frac{\Delta T_1}{\Delta T_2}\left|\frac{r_3}{r_2} - 1\right| \qquad (4.35)$$

由此可得目标的移动速度为

$$v = \frac{\left(\frac{\Delta T_1}{\Delta T_2}\frac{d_2}{r_2} - \frac{d_1}{r_2}\right)v_c}{\left|1 - \frac{r_1}{r_2}\right| - \frac{\Delta T_1}{\Delta T_2}\left|\frac{r_3}{r_2} - 1\right|} \qquad (4.36)$$

移动距离和径向距离的比值采用式(4.25)和式(4.26)。相邻径向距离的比值直接按正弦定理,有

$$\frac{r_i}{r_{i+1}} = \frac{\sin\beta_{i+1}}{\sin\beta_i}$$

由此得

$$v = \frac{\left(\frac{\Delta T_1}{\Delta T_2}\frac{\tan\Delta\theta_2}{\sin\beta_2 + \tan\Delta\theta_2\cos\beta_2} - \frac{\tan\Delta\theta_1}{\sin\beta_2 - \tan\Delta\theta_1\cos\beta_2}\right)v_c}{\left|1 - \frac{\sin\beta_2}{\sin\beta_1}\right| - \frac{\Delta T_1}{\Delta T_2}\left|\frac{\sin\beta_2}{\sin\beta_3} - 1\right|} \qquad (4.37)$$

式中:$\Delta\theta_i$ 是通过方位的检测得到的;β_1 和 β_3 是由迭代测算值 β_2 计算得到的,且有 $\beta_1 = \beta_2 - \Delta\theta_1$,$\beta_3 = \beta_2 + \Delta\theta_2$。

图4.3给出了不等移动距离时目标移动速度的相对计算误差,θ_1 为观测站

的起始测向角。

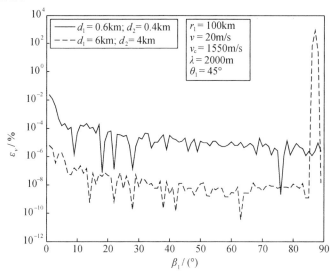

图 4.3　目标移动速度的相对计算误差

4.2.6.2　移动时差

利用径向距离间的比值关系,由自时差方程可得到如下的二元一次方程:

$$v_c \Delta t_1 + \left| 1 - \frac{r_1}{r_2} \right| r_2 = v_c \Delta T_1 \qquad (4.38)$$

$$v_c \xi'_d \Delta t_1 + \left| \frac{r_3}{r_2} - 1 \right| r_2 = v_c \Delta T_2 \qquad (4.39)$$

消去径向距离 r_2 后,可解得目标的移动时间:

$$\Delta t_1 = \frac{\left| 1 - \dfrac{r_1}{r_2} \right| \Delta T_2 - \left| \dfrac{r_3}{r_2} - 1 \right| \Delta T_1}{\left| 1 - \dfrac{r_1}{r_2} \right| \xi'_d - \left| \dfrac{r_3}{r_2} - 1 \right|} \qquad (4.40)$$

其相对计算误差如图 4.4 所示。

4.2.6.3　目标距离

事实上,在解得目标的速度和移动时间差之后,直接利用正弦定理即可求得目标的径向距离,即

$$r_2 = \frac{v \Delta t_1 \sin\beta_1}{\sin\Delta\theta_1} \qquad (4.41)$$

另由自时差方程,从式(4.35)可求解得到径向距离:

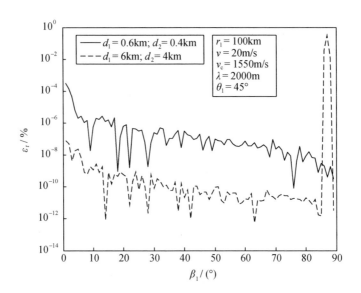

图 4.4 目标移动时差的相对计算误差

$$r_2 = \frac{\dfrac{v_c}{v}\left(d_1 - d_2\dfrac{\Delta T_1}{\Delta T_2}\right)}{\dfrac{\Delta T_1}{\Delta T_2}\left|\dfrac{r_3}{r_2} - 1\right| - \left|1 - \dfrac{r_1}{r_2}\right|} \qquad (4.42)$$

图 4.5 给出了径向距离 r_2 的相对计算误差。

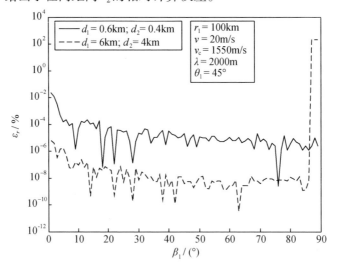

图 4.5 径向距离的相对计算误差

由上述的模拟计算结果可知,在假定目标为匀速直线运动的情况下,按二维平面几何关系和自时差方程所得到线性方程对目标的移动速度、移动时间以及距离的计算都是相当准确的。

4.2.7　小结

在已有的固定单站纯方位目标定位的研究过程中,利用距离—速度关系条件,需在推导过程中限定相邻的移动时间差或移动距离差相等,由此目标与观测站之间的距离才能够被解析求解[7],但这种附加条件极大地限制了工程可应用性。

与仅基于距离与速度之间关系的传统分析方法相比,本节通过引入自时差测量方程,并充分利用简单的平面几何关系,能对相邻移动距离不等的一般情况完整地给出解析计算公式。所提出的新方法突破了现有的固定单站纯方位无源探测仅能获得目标航向,以及速度与初始距离比值的局限性。但由于目前所建立的 TOA 方程仅是一个和目标匀速运动参量相关的线性方程,并且需要连续多次观测时差,故本节提出的方法仅适用于分析在短时间内近似看作直线匀速运动的目标。

▌ 4.3　基于方位和频差测量的固定单站无源定位法

4.3.1　概述

基于经典的测向/时差技术,固定单基站采用连续多点跟踪的方法即能获得目标的位置和运动信息[7]。为能实现对近似匀速运动目标的即时定位,一般需要同时具有测角度、测角度变化率和测离心加速度的能力[8,9]。尽管从理论上来说,增加角速度等信息可提高定位收敛速度和定位精度,观测相位变化率的定位方法具有快速性、准确性等优点[10-12],但它们是以增加测量的复杂性和难度为代价的,同时,角速度测量精度一般要达到毫弧度每秒量级,这样的要求事实上制约了实际应用性,不仅对系统的设计提出了较高的要求,而且增加了成本。

联合目标来波方向和多普勒频率测量的固定单站无源定位技术也是当前研究的一个方向,这种方法不仅能对运动目标进行定位,而且能对运动目标的速度、航迹等进行估计[13,14]。但多普勒频移方程是一个既包含有位置参量又包含有运动参量的非线性方程,如在笛卡儿坐标系中直接利用多普勒频移方程进行定位跟踪分析,会引入较多的未知参数,就不得不采用较复杂的解算方法。

与现有的方法不同,本节给出的分析方法的特点:一是在极坐标系中,基于相邻探测点间的两个多普勒频差方程直接解析计算目标的运动和频率参数;二是在速度、方位角和波长都已求得的基础上,借助于角度变化率的原理可推导出相对距离的计算公式。

4.3.2 基于方位测量的频差比值方程

假定在二维平面内目标沿直线匀速运动,对于图4.6所示的几何模型,通过至少连续三次跟踪探测目标的辐射信号,得到移动目标的方位角和辐射频率值。其方向角的测量以正北方向为基准。

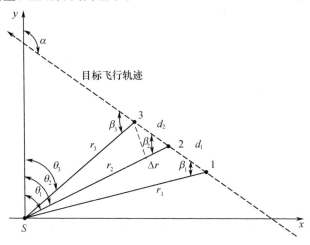

图 4.6　几何模型

测量站在不同时刻接收的多普勒频移分别为

$$\lambda f_{di} = v\cos\beta_i \qquad (i = 1,2,3) \tag{4.43}$$

式中:λ 为目标辐射的信号波长;v 为目标的移动速度;β_i 为目标端在相应径向距离和目标瞬时飞行方向之间的前置角。

由图4.6所示几何模型,将内、外角之间的几何关系 $\beta_i = \alpha - \theta_i$ 代入式(4.34),得

$$\lambda f_{di} = v\cos(\alpha - \theta_i) \tag{4.44}$$

式中:α 为目标的瞬时航向角;θ_i 为测站端的方位角。

由三次多普勒测量可得到两个频差方程:

$$\lambda(f_{d2} - f_{d1}) = v[\cos(\alpha - \theta_2) - \cos(\alpha - \theta_1)] \tag{4.45}$$

$$\lambda(f_{d3} - f_{d2}) = v[\cos(\alpha - \theta_3) - \cos(\alpha - \theta_2)] \tag{4.46}$$

式(4.45)与式(4.46)相比,得

$$\frac{f_{d2} - f_{d1}}{f_{d3} - f_{d2}} = \frac{\cos(\alpha - \theta_2) - \cos(\alpha - \theta_1)}{\cos(\alpha - \theta_3) - \cos(\alpha - \theta_2)} \tag{4.47}$$

在实际的工程设计与应用中,多普勒频差可以用辐射频率的实测值之差取代:

$$\Delta f_i = f_{d(i+1)} - f_{di} = f_{t(i+1)} - f_{ti} \tag{4.48}$$

式中：Δf_i 为频率差；f_{ti} 为目标所辐射信号的频率实测值。

4.3.3　航向角

设
$$p_f = \frac{f_{d2} - f_{d1}}{f_{d3} - f_{d2}} = \frac{\Delta f_{d1}}{\Delta f_{d2}} = \frac{\Delta f_{t1}}{\Delta f_{t2}}$$

从式（4.47）中可解出瞬时航向角：

$$\tan\alpha = \frac{p_f(\cos\theta_3 - \cos\theta_2) - (\cos\theta_2 - \cos\theta_1)}{(\sin\theta_2 - \sin\theta_1) - p_f(\sin\theta_3 - \sin\theta_2)} \tag{4.49}$$

模拟计算表明瞬时航向角存在模糊性，为克服航向角计算中的模糊性，实际探测时定位系统一般连续探测若干次，以判断出被测目标大致移动方向。初步的模拟测算表明，在二维平面的上半平面内，当 $0° \leqslant \theta \leqslant 90°$ 时，瞬时航向角按式（4.49）计算，目标端相对于径向距离的前置角为

$$\beta_i = \alpha - \theta_i \tag{4.50}$$

当 $-90° \leqslant \theta \leqslant 0°$ 时，目标端相对于径向距离的前置角为

$$\beta_i = -(\alpha - \theta_i) \tag{4.51}$$

当前置角的计算值为正时，表示前置角和方位角在径向射线的同一侧；当前置角的计算值为负时，表示前置角和方位角在径向射线的两侧。并且规定：航向角逆时针为正；方位角则顺时针为正。

假设目标的飞行速度 $v = 100\text{m/s}$，飞行距离 $d = 1000\text{m}$，初始径向距离 $r_1 = 100\text{km}$，信号波长 $\lambda = 0.15\text{m}$。图 4.7 给出了方位角 $\theta = 45°$ 时，在 $135° \leqslant \beta_1 \leqslant 45°$ 区域内，前置角与航向角之间的函数变化关系曲线。同时，通过对应于此区域的航向角的相对计算误差分析，验证了所给出的计算式是正确的。

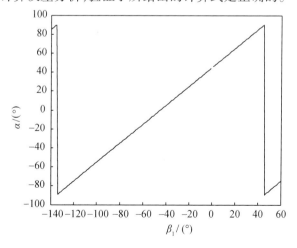

图 4.7　前置角与航向角之间的函数变化关系曲线

4.3.4 运动速度

一旦得到了航向角,就能确定目标的前置角,于是可求得其他参数。作为分析求解的一个过渡,先由式(4.45)或式(4.46)得到速度与波长的比值:

$$\frac{v}{\lambda} = \frac{\Delta f_{dij}}{\cos(\alpha - \theta_i) - \cos(\alpha - \theta_j)} \tag{4.52}$$

将速度与波长的比值代入各个多普勒频移方程,得到多普勒频移值:

$$f_{di} = \frac{v}{\lambda}\cos\beta_i = \frac{\Delta f_{dij}\cos(\alpha - \theta_i)}{\cos(\alpha - \theta_i) - \cos(\alpha - \theta_j)} \tag{4.53}$$

由实测频率值解出辐射信号的中心频率:

$$f_0 = f_t \pm f_d \tag{4.54}$$

由此即能确定波长。确定波长后,再利用速度与波长的比值关系获得目标的移动速度:

$$v = \frac{\Delta f_{dij}}{\cos(\alpha - \theta_i) - \cos(\alpha - \theta_j)}\lambda \tag{4.55}$$

模拟计算验证了式(4.55)的正确性,图4.8给出了目标速度的相对计算误差曲线。

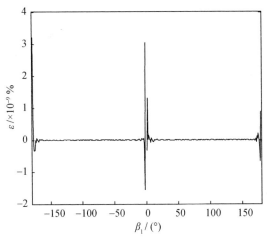

图4.8 目标速度的相对误差曲线

4.3.5 相对距离

求得波长和多普勒频移后,借助角度变化率可求出目标的径向距离。甫多普勒频移方程进行微分变形,用前置角的正弦变化率表示多普勒频移:

$$\lambda f_{di} = \frac{v}{\omega_i} \frac{\partial \sin\beta_i}{\partial t} \tag{4.56}$$

式中：ω 为角速度，$\omega = v_{ti}/r_i$；v_{ti} 为切向速度；r_i 为径向距离。

根据图 4.6 在径向距离 r_2 上虚线位置处的几何关系，有

$$\sin\beta_2 \approx \frac{\sqrt{d_2^2 - \Delta r^2}}{d_2}$$

式中：Δr 为路程差，$\Delta r = r_2 - r_3$。

又因为 $\dot{r}_i = v_{ri} = \lambda f_{di}$，则得

$$\lambda f_{d1} = \frac{v}{\omega_2} \frac{\partial \sin\beta_2}{\partial t} = \frac{v}{\omega_2} \frac{\Delta r}{d_2} \frac{\lambda \Delta f_{d2}}{\sqrt{d_2^2 - \Delta r^2}} \tag{4.57}$$

式中：$\Delta f_{d2} = f_{d2} - f_{d3}$。

因为 $\cot\beta_2 = \Delta r/\sqrt{d_2^2 - \Delta r^2}$，又 $\lambda f_{d2} = v_T \cos\beta_2$，通过整理式（4.57）可得到在角速度与多普勒频差之间的函数关系：

$$\omega_2 d_2 \sin\beta_2 = \lambda \Delta f_{d2} \tag{4.58}$$

分别将 $\omega_2 = v_{t2}/r_2$ 和 $d_2 = v\Delta t$ 代入（4.58），并利用速度关系式 $v^2 = v_t^2 + v_r^2$，可得固定单站与移动目标之间的相对距离：

$$r_2 = \frac{d_2 v_{t2} \sin\beta_2}{\lambda \Delta f_{d2}} = \frac{\Delta t \left[v^2 - (\lambda f_{d2})^2 \right]}{\lambda \Delta f_{d2}} \tag{4.59}$$

式中：Δt 为测站定周期连续探测目标的近似时间间隔。

图 4.9 给出了径向距离的相对计算误差曲线，因图形呈周期性对称，故仅给出了 $0° \sim 90°$ 范围内的曲线图形。从图中可以看出，对于初始径向距离 $r_1 = 100\mathrm{km}$，可使相对误差较小的最佳探测周期时间约为 10s。此外，模拟计算还表明，选择三次探测的中间节点上的径向距离 r_2 作为测量值，将能得到更小的相对误差值。

4.3.6 小结

由于对多普勒频差测量可以直接转化为对实测辐射频率之差的测量，故从工程应用的角度，采用频差测量方式不仅使探测方法简单化，而且更有利于提高定位系统的测量精度。虽然目前的测频技术还有待进一步提高，但与直接测多普勒频移相比，测频差应是一种容易实施且精度更高的测量方法。

采用频差测量方式更有利于无源探测，能使定位系统在目标信号波长未知的情况下直接对目标的运动参数进行测量，进而能够基于方位和频差的信息解出目标的信号波长等频率参数。同时，本节所给出的直接测距公式不仅能用于固定单站定位，而且能拓展应用于舰载、机载、星载等平台。

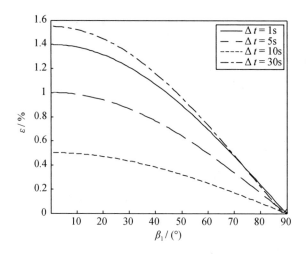

图 4.9　径向距离的相对计算误差曲线

　　严格来说,如测频或测角精度难以提高,则本节给出的结果还仅是速度和距离的估计公式。但研究的意义在于:一方面将为进一步的具有较高定位精度的应用分析提供技术支撑,另一方面有利于改进现有的基于多普勒频移的固定单站无源定位跟踪算法。

◤ 4.4　单基站多普勒直接测距

4.4.1　概述

　　在载机匀速移动及定周期探测的情况下,基于多普勒变化率的数学定义,且利用速度矢量与其分量间的关系以及径向速度与多普勒频移间的关系,已经得到了基于多普勒频移测量的机载单站直接测距公式[15]。然而,因为测距公式包含速度参量,所以这种分析思路不适用于固定单基站以有源或无源的方式对移动速度还未知的目标进行直接测距。

　　本节进一步拓展文献[15]中分析方法,推导出不包含被测目标或探测平台本身移动速度,仅与多普勒频移测量值相关的直接测距公式。模拟验证表明相对测算误差更低。事实上,在无源探测时,还存在另一个未知参量——目标辐射信号的波长,但近来研究表明,波长可通过实测频率值计算得到[16]。这意味着,地面多普勒雷达站通过实测频率值可实现对目标距离的计算。为简化分析,本节在推导时将波长视为已知参数。

4.4.2　基本公式

　　固定单站多普勒直接测距几何关系如图 4.10 所示。假定目标匀速直线运动,由测量节点 1 经过节点 2 到达节点 3,固定单站则相应进行连续三次的定周期测量,各测量节点处的多普勒频移变化率分别为

$$\dot{f}_{di} = \frac{v_{ti}^2}{\lambda r_i} \qquad (4.60)$$

式中:r_i 为径向距离;v_t 为切向速度。

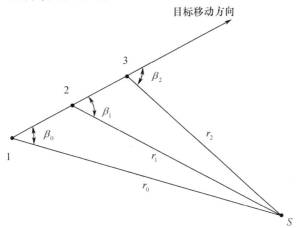

图 4.10　固定单站多普勒直接测距几何关系

相邻测量节点处的比值为

$$q_i = \frac{\dot{f}_{d(i+1)}}{\dot{f}_{di}} = \frac{r_i}{r_{i+1}} \frac{v_{t(i+1)}^2}{v_{ti}^2} \qquad (4.61)$$

由正弦定理可得相邻节点位置处径向距离之比为

$$\frac{r_{i+1}}{r_i} = \frac{\sin\beta_i}{\sin\beta_{i+1}} = \frac{v\sin\beta_i}{v\sin\beta_{i+1}} = \frac{v_{ti}}{v_{t(i+1)}} \qquad (4.62)$$

即在被测目标匀速运动的情况下,两径向距离之比等于切向速度之比。将式(4.62)代入式(4.61),得

$$q_i = \frac{v_{t(i+1)}^3}{v_{ti}^3} \qquad (4.63)$$

根据测量节点处的速度分量可列出速度恒等式:

$$v^2 = v_{ri}^2 + v_{ti}^2 = v_{r(i+1)}^2 + v_{t(i+1)}^2 \qquad (4.64)$$

变形整理,得

$$v_{ri}^2 - v_{r(i+1)}^2 = v_{t(i+1)}^2 - v_{ti}^2 \qquad (4.65)$$

式(4.43)、式(4.60)及式(4.61)代入上式,得

$$\lambda(f_{d0}^2 - f_{d1}^2) = r_1 \dot{f}_{d1}\left(1 - \frac{1}{u_0}\right) \tag{4.66}$$

$$\lambda(f_{d1}^2 - f_{d2}^2) = r_1 \dot{f}_{d1}(u_1 - 1) \tag{4.67}$$

式中：$u_i = \sqrt[3]{q_i^2}$。

由此可得两个与中间测量节点 2 相对应的径向距离。

4.4.3　简化形式

直接从多普勒频率变化率的数学定义出发，在 Δt 时间内，多普勒频率变化率可由端点间多普勒频差的测量值近似表示：

$$\dot{f}_d = \frac{\Delta f_d}{\Delta t} = \frac{f_d - f_{d0}}{\Delta t} \tag{4.68}$$

式中：f_{d0}、f_d 分别为始点和终点处的多普勒频移值。

相邻节点多普勒变化率的比值可写为

$$q_i = \frac{\dot{f}_{d(i+1)}}{\dot{f}_{di}} = \frac{\Delta f_{d(i+1)}}{\Delta f_{di}} \tag{4.69}$$

由三个测量节点共可得到两个比值关系式，并能由多普勒频移的前向差分和后向差分近似表示：

$$q_0 = \frac{\dot{f}_{d1}}{\dot{f}_{d0}} = \frac{f_{d2} - f_{d1}}{f_{d1} - f_{d0}} \tag{4.70}$$

$$q_1 = \frac{\dot{f}_{d2}}{\dot{f}_{d1}} = \frac{f_{d2} - f_{d1}}{f_{d1} - f_{d0}} \tag{4.71}$$

所以有 $u_i \approx u_{i+1} = u$。最终通过简化，由式(4.66)和式(4.67)所得到的测距公式分别为

$$r_1 = \frac{\lambda u(f_{d0}^2 - f_{d1}^2)}{\dot{f}_{d1}(u - 1)} = \left| \frac{\lambda u(f_{d0} + f_{d1})\Delta t}{u - 1} \right| \tag{4.72}$$

$$r_1 = \frac{\lambda(f_{d1}^2 - f_{d2}^2)}{\dot{f}_{d1}(u - 1)} = \left| \frac{\lambda(f_{d1} + f_{d2})\Delta t}{u - 1} \right| \tag{4.73}$$

进一步的模拟计算表明，式(4.72)和式(4.73)测距值与理论值的相对计算偏差正好是相反的。通过简单的数学平均可得与理论值的相对计算误差较小的测距表达式：

$$\overline{r_1} = 0.5\left[\left| \frac{\lambda u(f_{d0} + f_{d1})\Delta t}{u - 1} \right| + \left| \frac{\lambda(f_{d1} + f_{d2})\Delta t}{u - 1} \right| \right] \tag{4.74}$$

如果已知信号波长,就能实现仅基于频率测量技术的测距计算。由多普勒频移 f_d、信号的中心频率 f_0 和实测值 f_t 之间的关系 $f_t = f_0 + f_d$,平均测距公式可进一步写为

$$\bar{r}_1 = 0.5 \left[\left| \frac{\lambda u (f_{t0} + f_{t1} - 2f_0) \Delta t}{u - 1} \right| + \left| \frac{\lambda (f_{t1} + f_{t2} - 2f_0) \Delta t}{u - 1} \right| \right] \tag{4.75}$$

4.4.4　小结

本节的分析结果可直接转化为空中机载探测平台对固定目标的直接测距。如按现有的多普勒定位技术,则在二维平面上至少需要解四个非线性方程。而根据定位理论,基于现有的多普勒变化率方程应能直接获得在测量平台和被测目标之间的径向距离[17]。事实上,仅基于多普勒变化率的定位法还不是当前电子战目标定位中的经典方法[7,18-21],其中的一个主要原因是对多普勒变化率的测量还比较困难。而本节的研究表明,仅基于测频技术即可实现对目标的直接测距。

4.5　航天器运行速度的单站多普勒测算方法

4.5.1　概述

基于多普勒频移测量技术能得到径向速度,故通常需要三个地面站同时工作才能获得航天器的运行速度[22]。如果按照多站多普勒测轨法[23],则需要两个或者两个以上的观测站进行六次独立的测量。如果仅利用一个地面站探测深空航天器在垂直于视线方向上的速度,则必须从数天连续记录的径向多普勒数据中分析得到[24]。

本节基于多普勒原理,综合利用速度矢量方程、多普勒频移及变化率关系,给出一种仅通过地面单站对卫星信标信号进行三次实时测频即可探测得到航天器运行速度的方法。模拟计算验证了推导公式的正确性,而测频误差分析表明测算公式的测量精确度与信标信号波长成反比,并能够较为准确地确定航天器的运行速度。

4.5.2　测量模型

假设地球为圆球体,其半径 $R = 6400\text{km}$,图 4.11 中的虚线为航天器的运行轨迹,航天器飞行高度为 H,绕地球匀速飞行,地面站位于 S 处,O 为地球球心。假定航天器上装有信标器,定周期发射用于地面站检测的微波信号,在径向距离 r_i 远大于航天器运行时的定周期探测距离 l 的条件下,图 4.11 所示的圆周运动

可近似简化为图 4.12 所示的直线移动。

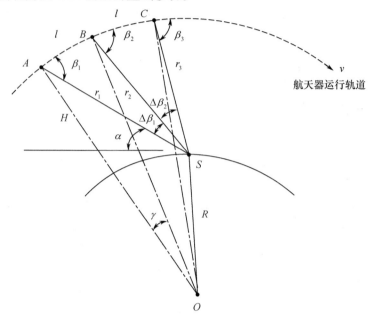

图 4.11　卫星轨道运行

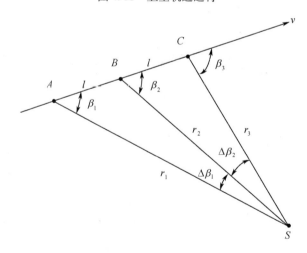

图 4.12　几何运动关系的近似

4.5.3　公式推导

4.5.3.1　相邻节点多普勒变化率的比值

根据多普勒频移变化率的定义,在航天器运行轨道上两相邻测量节点处可分别列出：

$$\dot{f}_{\text{d1}} = \frac{v_{\text{t1}}^2}{\lambda r_1} \qquad (4.76)$$

$$\dot{f}_{\text{d2}} = \frac{v_{\text{t2}}^2}{\lambda r_2} \qquad (4.77)$$

式中：λ 为波长；r_i 为径向距离；v_{t} 为切向速度。

两相邻节点间多普勒式频移变化率的比值为

$$q = \frac{\dot{f}_{\text{d2}}}{\dot{f}_{\text{d1}}} = \frac{r_1}{r_2} \frac{v_{\text{t2}}^2}{v_{\text{t1}}^2} \qquad (4.78)$$

由正弦定理可得两相邻节点的径向距离之间的比值为

$$\frac{r_2}{r_1} = \frac{\sin\beta_1}{\sin\beta_2} = \frac{v\sin\beta_1}{v\sin\beta_2} = \frac{v_{\text{t1}}}{v_{\text{t2}}} \qquad (4.79)$$

式中：v 为航天器的飞行速度。

即在航天器匀速运动的条件下，两节点的径向距离之比等于端点切向速度之比。将式(4.79)代入式(4.78)，得

$$q = \frac{v_{\text{t2}}^3}{v_{\text{t1}}^3} \qquad (4.80)$$

另外，利用 $\dot{f}_{\text{d}} = \dfrac{\Delta f_{\text{d}}}{\Delta t}$，且因定周期检测，相邻时差接近相等，故相邻节点间的多普勒变化率之比可近似由多普勒频差之比表示：

$$q = \frac{\dot{f}_{\text{d2}}}{\dot{f}_{\text{d1}}} \approx \frac{\Delta f_{\text{d2}}}{\Delta f_{\text{d1}}} = \frac{f_{\text{d3}} - f_{\text{d2}}}{f_{\text{d2}} - f_{\text{d1}}} \qquad (4.81)$$

事实上，由多普勒频移、信标信号的中心频率和实测值之间的关系 $f_{\text{t}} = f_0 + f_{\text{d}}$，式(4.81)可由实测频差来计算：

$$q = \frac{\dot{f}_{\text{d2}}}{\dot{f}_{\text{d1}}} \approx \frac{f_{\text{d3}} - f_{\text{d2}}}{f_{\text{d2}} - f_{\text{d1}}} = \frac{f_{\text{t3}} - f_{\text{t2}}}{f_{\text{t2}} - f_{\text{t1}}} \qquad (4.82)$$

式中：$f_{\text{t}i}$ 为地面站接收机的实测频率值。

4.5.3.2　速度解析式

设 v_{r} 为径向速度，根据速度与分量间的关系 $v^2 = v_{\text{r}}^2 + v_{\text{t}}^2$ 和多普勒频移方程 $\lambda f_{\text{d}} = v_{\text{r}}$，由式(4.80)得

$$\sqrt[3]{q^2}\left[v^2 - (\lambda f_{\text{d1}})^2\right] = v^2 - (\lambda f_{\text{d2}})^2 \qquad (4.83)$$

经整理,得

$$\lambda^2 \left(f_{d2}^2 - \sqrt[3]{q^2} f_{d1}^2 \right) = \left(1 - \sqrt[3]{q^2} \right) v^2 \tag{4.84}$$

由式(4.84)可得出航天器的飞行速度:

$$v = \lambda \sqrt{\frac{f_{d2}^2 - \sqrt[3]{q^2} f_{d1}^2}{1 - \sqrt[3]{q^2}}} \tag{4.85}$$

4.5.3.3　数学模拟计算

数学模拟计算的目的是验证推导公式的正确性,利用理论值取代测量值的方法进行模拟计算。首先给定波长 λ、卫星的运行距离 l(或探测周期 T)、飞行高度 H、飞行速度 v;其次给定仰角 α(等于确定了夹角 $\angle ASO = \alpha + 90°$),从 $\triangle ASO$ 中计算出径向距离 r_1,并解出前置角的余角 $\angle SAO$;然后由此根据轨道高度垂直于轨道运行方向的特性解出前置角 $\beta_1 = 90° - \angle SAO$;最后从 $\triangle SAB$、$\triangle ABC$ 中依次解出径向距离 r_2 和 r_3、张角 $\Delta\beta_1$ 和 $\Delta\beta_2$ 及前置角 β_2 和 β_3。为能更精确地计算各测量节点处的多普勒频移值,必须解出各节点相对于地心的张角 γ,用于修正轨道弯曲对前置角造成的影响。具体方法是对测量节点处的两个前置角都予以 -0.5γ 的校正。

在此基础上,就能按 $f_{di} = \dfrac{v}{\lambda} \cos\beta_i$ 获得在各个节点处信标信号的多普勒频移的理论值。

根据式(4.85)计算卫星速度的测算值,并通过与理论给定值比较得到相对计算误差。计算是通过改变地面站视线的仰角 α 来模拟当卫星处于空中不同位置时的测算公式的正确性。

图 4.13 给出了不同飞行距离时卫星速度的相对计算误差曲线。显然,由于测算公式是假设近似直线运动得出的,所以运行距离越长,误差越大。

图 4.14 给出了不同高度时航天器速度的相对计算误差曲线(飞行距离设定为 5000m)。计算表明:探测距离越远,高仰角时相对计算误差越小,低仰角时,高度越低,相对计算误差越小。

初步的计算还表明,模拟误差与航天器本身运行速度无关。

4.5.4　测频误差分析

4.5.4.1　基本误差公式

根据误差理论,通过对频移进行偏微分可求得测算速度公式的各个测频误差分量:

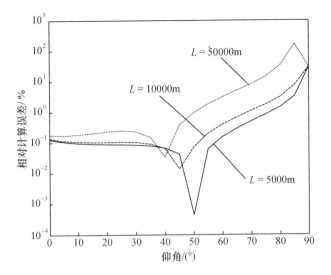

图 4.13　不同飞行距离时航天器速度的相对计算误差曲线

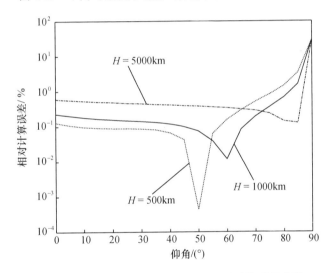

图 4.14　不同高度时航天器速度的相对计算误差曲线

$$\frac{\partial v}{\partial f_{d1}} = \frac{\lambda}{3} \frac{u}{(1-u)^2} \sqrt{\frac{1-u}{f_{d2}^2 - uf_{d1}^2}} [f_{d2} + (4-3u)f_{d1}] \tag{4.86}$$

$$\frac{\partial v}{\partial f_{d2}} = \frac{\lambda}{3(1-u)^2} \sqrt{\frac{1-u}{f_{d2}^2 - uf_{d1}^2}} \left[3(1-u)f_{d2} - \frac{(1+q)}{\sqrt[3]{q}}(f_{d1} + f_{d2})\right] \tag{4.87}$$

$$\frac{\partial v}{\partial f_{d1}} = \frac{\lambda}{3} \sqrt{\frac{1-u}{f_{d2}^2 - uf_{d1}^2}} \frac{f_{d2} + f_{d1}}{\sqrt[3]{q}} \tag{4.88}$$

总的速度测量误差为

$$\sigma_v = \sigma_f \sqrt{\sum_{i=1}^{3} \left(\frac{\partial v}{\partial f_{di}} \right)^2} \qquad (4.89)$$

式中：σ_f 为多普勒频移测量误差的均方根误差。

4.5.4.2　数值计算

由式(4.86)~式(4.88)可见，测量误差和波长成正比。图 4.15 给出了不同波长时的航天器运行速度误差曲线。图 4.16 给出了不同飞行距离时的航天器运行速度误差曲线，其与相对计算误差相反，飞行距离越大，测量误差越小。

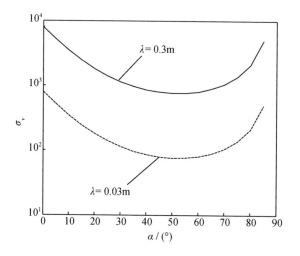

图 4.15　不同波长时的航天器运行速度测量误差曲线

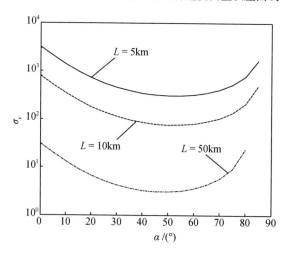

图 4.16　不同飞行距离时的航天器运行速度测量误差曲线

从图中可见,仰角在 45°～55°范围内具有最小的测量误差。分析还表明,降低卫星高度有助于提高测量精度。

4.5.5 小结

文献[24]给出的三站测速分析方法建立在几何平面地的基础上,没有考虑地球曲面的影响。而多站多普勒测轨法需要进行六次以上的测量。相对而言,单站测速的优点是不言而喻的,模拟计算和误差分析表明,在信号波长较短,仰角小于 70°,探测周期适中的情况下,利用本研究给出的测算公式可以实时得到较为准确的速度测量结果。

■ 4.6 基于等距测量对匀速直线目标航向的纯方位估计

4.6.1 概述

现有的纯方位目标运动分析理论已证明,在二维平面上,静止单站通过至少三次以上的纯方位测量,便可以估计匀速运动目标的航向[25-28]。事实上,在现有的分析过程中都含有时间参量,仅此而言,所需获取的信息并不是纯方位的。

本节的分析表明,在二维平面上,对于匀速直线运动目标,如果静止单站能够在目标移动路径上等间距连续三次获取目标的方位信息,就能采用纯几何的计算方法,在与时间参量检测无关的情况下,由目标的移动轨迹线方程和测站与目标间的方位线方程推导出目标航向角的解析表示式。模拟计算验证了公式的正确性,而误差分析再次证实,仅基于纯方位测量所获得的测量精度是较低的。

4.6.2 纯几何解算

如图 4.17 所示,以固定单站作为笛卡儿坐标系的原点,假设目标沿直线 AB 匀速运动,由几何原理可列出两条直线方程:

一条表示单站与目标之间的方位线,即

$$y = kx = x\tan\varphi \tag{4.90}$$

式中:k 为斜率,$k = \tan\varphi$;φ 为由探测站测量的方位角。

另一条表示目标的运动轨迹,即

$$y = k_0 x + b = x\tan\alpha + b \tag{4.91}$$

式中:b 为截距。

假定目标匀速运动,测向站连续三次跟踪测量,由式(4.90)可得

$$y_i = x_i\tan\varphi_i \qquad (i = 1,2,3) \tag{4.92}$$

两两相减后可得

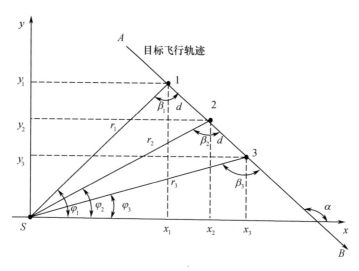

图 4.17 静止单站纯方位跟踪示意

$$y_2 - y_1 = x_2\tan\varphi_2 - x_1\tan\varphi_1$$

$$= (x_2 - x_1)\tan\varphi_2 + x_1(\tan\varphi_2 - \tan\varphi_1) \tag{4.93}$$

$$y_3 - y_2 = x_3\tan\varphi_3 - x_2\tan\varphi_2$$

$$= (x_3 - x_2)\tan\varphi_3 + x_2(\tan\varphi_3 - \tan\varphi_2) \tag{4.94}$$

在匀速运动条件下,近似有等间距关系:

$$\Delta x = x_2 - x_1 = x_3 - x_2 \tag{4.95}$$

$$\Delta y = y_2 - y_1 = y_3 - y_2 \tag{4.96}$$

从式(4.95)和式(4.94)中解出横坐标 $x_i (i = 1, 2)$:

$$x_1 = \frac{\Delta y - \Delta x\tan\varphi_2}{\tan\varphi_2 - \tan\varphi_1} \tag{4.97}$$

$$x_2 = \frac{\Delta y - \Delta x\tan\varphi_3}{\tan\varphi_3 - \tan\varphi_2} \tag{4.98}$$

式(4.97)和式(4.98)相减,得

$$\Delta x = x_2 - x_1 = \frac{\Delta y - \Delta x\tan\varphi_3}{\tan\varphi_3 - \tan\varphi_2} - \frac{\Delta y - \Delta x\tan\varphi_2}{\tan\varphi_2 - \tan\varphi_1} \tag{4.99}$$

移项整理,得

$$\left(\frac{1}{\tan\varphi_3 - \tan\varphi_2} - \frac{1}{\tan\varphi_2 - \tan\varphi_1}\right)\Delta y = \left(1 - \frac{\tan\varphi_2}{\tan\varphi_2 - \tan\varphi_1} + \frac{\tan\varphi_3}{\tan\varphi_3 - \tan\varphi_2}\right)\Delta x$$

$$\tag{4.100}$$

以相同方法由式(4.91)可得

$$\Delta y = k_0 \Delta x = \Delta x \tan\alpha \tag{4.101}$$

联立式(4.100)和式(4.101),可得到目标的航向角,即

$$\tan\alpha_0 = \frac{\Delta y}{\Delta x} = \frac{1 - \dfrac{\tan\varphi_2}{\tan\varphi_2 - \tan\varphi_1} + \dfrac{\tan\varphi_3}{\tan\varphi_3 - \tan\varphi_2}}{\dfrac{1}{\tan\varphi_3 - \tan\varphi_2} - \dfrac{1}{\tan\varphi_2 - \tan\varphi_1}}$$

$$= \frac{\tan\varphi_1 \tan\varphi_2 + \tan\varphi_2 \tan\varphi_3 - 2\tan\varphi_1 \tan\varphi_3}{2\tan\varphi_2 - \tan\varphi_1 - \tan\varphi_3} \tag{4.102}$$

4.6.3　航向角的判别与前置角的计算

为克服航向角计算中的模糊性,一种实际探测方法是定位系统连续探测若干次,判断出被测目标大致移动方向,然后按图 4.18 由虚线所划分的区域,用相应公式计算瞬时航向角。

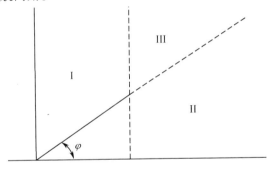

图 4.18　区域的划分

对应于 I 区的瞬时航向角按式(4.102)计算,目标的前置角为

$$\beta_i = \alpha_0 - \varphi_i \tag{4.103}$$

对应于 II 区的航向角:

$$\alpha_{\text{II}} = 180° + \alpha_0 \tag{4.104}$$

目标的前置角为

$$\beta_i = 180° + \alpha_0 - \varphi_i \tag{4.105}$$

对应于 III 区的航向角:

$$\alpha_{\text{III}} = \alpha_0 - 180° \tag{4.106}$$

前置角为

$$\beta_i = \alpha_0 - 180° - \varphi_i \tag{4.107}$$

4.6.4 模拟验证

设定目标与探测站之间的距离 r_1,相对方位角度 φ_1,目标的移动距离 d,并使目标端的前置角 β_1 在规定的区域内连续变化。

于是,由三角函数关系就能依次解算出其余的径向距离 r_2、r_3,相对方位角 φ_2、φ_3。由内外角关系计算得到目标端的前置角 β_2、β_3,并直接得到目标航向角 α 的理论值。然后,由式(4.102)解出目标的航向角,并与相应的理论值比较得到相对计算误差。在未做说明的情况下,所取的参量值:目标等距移动距离 $d = 1\text{km}$;探测站径向距离 $r_1 = 100\text{km}$;测站起始方位角 $\theta_1 = 45°$。

模拟测算表明:推导出的航向角测算公式是正确的,通过增加目标移动距离或减小径向距离,也能降低相对计算误差,变换测站的起始方位角并不会改变图形的相对计算误差特性。

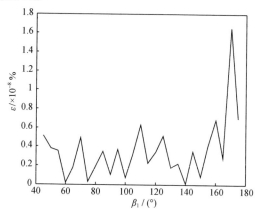

图 4.19　航向角的相对计算误差

4.6.5 误差分析

根据误差估计和合成理论,由测向所产生的航向角的总测量误差为

$$\sigma = \sigma_\varphi \sqrt{\sum_{i=1}^{n=3} \left(\frac{\partial \alpha}{\partial \varphi_i} \right)^2} \tag{4.108}$$

式中:σ_φ 为探测站测方位角误差的均方根误差。

设　　　　　$u = \tan\varphi_1 \cdot \tan\varphi_2 + \tan\varphi_2 \cdot \tan\varphi_3 - 2\tan\varphi_1 \cdot \tan\varphi_3$

$$v = 2\tan\varphi_2 - \tan\varphi_1 - \tan\varphi_3$$

对各个测向角分别进行微分,得

$$\frac{\partial \alpha}{\partial \varphi_1} = \frac{\cos^2\alpha}{\cos^2\varphi_1} \frac{\left[v(\tan\varphi_2 - 2\tan\varphi_3) + u \right]}{v^2} \tag{4.109}$$

$$\frac{\partial \alpha}{\partial \varphi_2} = \frac{\cos^2 \alpha}{\cos^2 \varphi_2} \cdot \frac{\left[v(\tan \varphi_1 + \tan \varphi_3) - 2u \right]}{v^2} \qquad (4.110)$$

$$\frac{\partial \alpha}{\partial \varphi_1} = \frac{\cos^2 \alpha}{\cos^2 \varphi_3} \cdot \frac{\left[v(\tan \varphi_2 - 2\tan \varphi_1) + u \right]}{v^2} \qquad (4.111)$$

图 4.20 给出了目标不同移动距离时的测量误差曲线。所取参量值:探测站测向角误差的均方根误差为 $1°$;探测站的径向距离 $r_1 = 50\text{km}$;探测站的测向角 $\varphi_1 = 45°$。从图 4.20 可以看出,在仅基于测向测量的情况下,航向角的测量精度一般较低,仅当目标的移动距离较长或径向距离较小时,才能取得较高的测量精度。

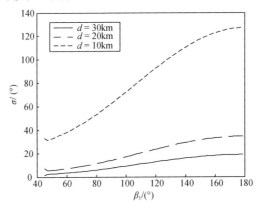

图 4.20　目标不同移动距离时的测量误差曲线

4.6.6　小结

本节用简单的几何关系描述了仅利用单站测向确定移动目标运动方向的计算问题,解析过程不仅与时间的检测无关,而且等距分析的过程事实上与等长度的移动距离无关,最终得到解析公式仅与方位角相关。在目标移动速度未知的情况下,目前还难以准确地在目标移动路径上等间距获取目标的方位,故纯方位测量得到目标航向角的测量精度应比时间—方位联合检测法更低。

参考文献

[1] 刘忠,周丰,石章松. 纯方位目标运动分析[M]. 北京:国防工业出版社,2009.

[2] 石章松,刘忠. 单站纯方位目标跟踪系统可观测性分析[J]. 火力与指挥控制,2007,32(2):26 - 29.

[3] Wang Z, Luo J A, Zhang X P. A novel location – penalized maximum likelihood estimator for bearing – only target localization[J]. Signal Processing, IEEE Transactions on, 2012,60(12):6166 – 6181.

[4] Gavish M, Weiss A J. Performance analysis of bearing – only target location algorithms[J].

Aerospace and Electronic Systems, IEEE Transactions on, 1992,28(3):817 – 828.

[5] 李长文,赵海彬. 有限声速的纯方位算法[J]. 指挥控制与仿真, 2013,35(2):38 – 42.

[6] 武志东,朱伟良,李祥珂. 潜艇不机动纯方位解算编队目标运动要素方法[J]. 指挥控制与仿真,2013,35(2):43 – 46.

[7] 孙仲康,郭福成,冯道旺. 单站无源定位跟踪技术[M]. 北京:国防工业出版社, 2008.

[8] 万方,丁建江,田进. 固定单站无源探测定位方法及其应用[J]. 空军雷达学院学报,2010,24(3):160 – 162.

[9] 万方,丁建江. 利用多站无源定位系统实现目标的单站无源定位[J]. 空军雷达学院学报,2010,24(2):87 – 90.

[10] 程东升,李侠,万山虎. 基于方向角及其变化率测量子集的单站无源定位[J]. 现代防御技术,2009,37(4):132 – 136.

[11] 刘永辉,窦修全. 基于相位差变化率的单站无源定位技术[J]. 无线电工程,2010,40(6):48 – 50.

[12] 黄登才,丁敏. 测相位差变化率无源定位技术评述[J]. 现代雷达,2007,29(8):32 – 34,51.

[13] 丁卫安,马远良. 无源单站定位技术研究[J]. 指挥控制与仿真,2008,30(1):35 – 37.

[14] 万方,丁建江,郁春来. 利用空频域信息的固定单站无源探测定位方法[J]. 探测与控制学报,2010,32(3):91 – 95.

[15] 郁涛. 一种仅基于频率测量的机载测距方法[C]. 2010 年第二届信息融合年会论文集,2010.

[16] 郁涛. 机载站对辐射源中心频率的测频计算法[J]. 飞行器测控学报,2009(6):22 – 24.

[17] 陆效梅. 单站无源定位技术综述[J]. 舰船电子对抗,2003,26(3):20 – 23.

[18] Poisel R A 电子战目标定位方法[M]. 屈晓旭,罗勇,等译. 北京:电子工业出版社,2008.

[19] 周振,王更辰. 机载单站对机动目标无源定位与跟踪[J]. 电光与控制, 2008,15(3):60 – 63.

[20] 陆志宏. 舰载电子战系统中对运动辐射源的单站无源测距定位技术[J]. 舰船电子对抗, 2007,30(2):16 – 19.

[21] 李宗华,肖予钦,周一宇,等. 利用频域和空域信息的单站无源定位跟踪算法[J]. 系统工程与电子技术, 2004, 26(5):613 – 616.

[22] 王松. 测控应答机及皮卫星工程化的研究[D]. 杭州:浙江大学,2006.

[23] 刘易成. 多普勒雷达计算卫星轨道[J]. 通信市场,2008(11,12):39 – 42.

[24] Thornton C L,Border J S. 深空导航无线电跟踪测量技术[M]. 李海涛,译. 北京:清华大学出版社,2005.

[25] 刘忠,等. 纯方位目标运动分析[M]. 北京:国防工业出版社, 2009.

[26] 石章松,刘忠. 单站纯方位目标跟踪系统可观测性分析[J]. 火力与指挥控制,2007,32(2):26 – 29,33.

[27] 董志荣. 用单站纯角度量测求解目标航向的方法[J]. 火力与指挥控制,1993,18(3):32 – 35.

[28] 汤扣林,刘韵,赵春东. 单站测向定位技术研究[J]. 火力与指挥控制,2009,34(12):112 – 116.

第 5 章
多站定位

5.1 引　　言

5.2 节研究了仅基于单基时差测量的双站定位方法,按照现有的经典定位理论,若在二维平面内对目标进行无源定位,一般至少需要三个站点,以获得两个独立的程差,用以产生两个独立的方程。5.2 节的研究表明,利用单基中点测向和相邻程差间的等差关系,仅仅利用一个独立的程差测量即可实现目标定位。

紧接着 5.2 节的分析结果,5.3 节再次利用单基时差测向方法给出一种仅基于时差测量即可在地平面的垂直平面内实现双星无源定位的算法,通过将双星对地面的探测近似简化为一个垂直平面内的几何定位问题,利用长基线双站时差测向方法,且借助卫星的高度,可近似解出双星对地面目标的交会角,在此基础上利用平面几何关系即可解出对地面目标的距离。

5.4 节研究并推导出仅基于时差测量技术的三站阵列对匀扫波束雷达的定位解析公式。分析表明,假定被测波束扫描雷达近似静止不动,且在波束匀速扫描的情况下,仅利用简单的时差测量技术即可由三站阵列确定出匀速圆周扫描雷达的位置。与现有的多站时差定位不同,对匀扫波束雷达的三站时差定位事实上是基于三角定位原理实现的,其中的观测量角度是通过对时差测量而得到的,并且角度的测量仅与波束扫描时差相关,而与量值巨大的光速无关。故误差分析表明,这是一种比常规的多站时差无源定位系统具有更高的测向和测距精度的定位方法。

5.5 节给出一种与高阶几何参量相关的双站交叉测向定位算法。与现有的直接从平面几何函数得到的测向交叉定位算法不同,本节采用几何投影法将程差表示式变换为仅基于角度测量的函数,由此可得到与高阶几何参量相关的双站测距算法。新的方法具有更高的测距精度,仅需要几千米的基线就能实现对300km 远的目标进行定位测量,且易拓展应用于运动单站。

5.6 节给出如何借助相邻程差的等差特性虚拟扩展探测阵列的基线长度,由此提高实测双站测向交叉定位精度的方法。首先利用正切中值关系说明仅基于角度的扩展是不能提高双站测向交叉系统的定位精度的;然后描述了基于相邻程差等差特性虚拟扩展基线长度的方法,并在此基础上研究了同时利用正切中值关系和等差特性双重虚拟扩展基线的方法。

5.7 节提出一种建立在远距地图基准点基础之上的短距双站定位方法,新方法在基于时差—方位测量的短距双基定位阵列的数百千米之外选定一个地图基准位置,并以此地图基准位置作为计算分析远距目标位置的几何坐标起始点。首先由双站间的时差方程和几何关系解得目标相对于双站的测距式,然后利用双站测距式以及双站与远距地图基准点之间的几何关系解得目标相对于地图基准点的径向距离和方位。误差分析表明,只要双站与地图基准点之间的距离足够远,就能在双站距离小于 10km 的情况下,借助于在单基阵列与地图基准之间的长基线,利用现有的时差测量和测向技术使目标与地图基准点之间的测距误差满足小于 5% R 的精度要求。

◾ 5.2 双站时差定位

5.2.1 概述

本节研究一种利用双基之间的等差关系和单基测向解实现双站时差测距定位的方法。其主要工作原理是首先在双站基础上虚拟构造一个一维等距双基阵列,然后利用单基线中点测向式解出双站基线中点处的目标到达角,并由双站之间的程差值解出虚拟双基阵相邻程差的等差数列的公差值,进而解出对应于虚拟双基的三站定位系统的两个独立的程差值,由此就能等价地获得满足二维平面定位所需要的两个独立定位方程。

显然,如果能够借助单基中点测向法直接解得目标到达角的准确值,对目标到达角的观测就能省略,由此仅利用双站间的一个程差观测量实现目标位置的测定。

事实上,基于单基程差测量的中点测向法仅能得到足够准确的近似测向值。为得到收敛的测向准确解的一个解决方案是利用曲线拟合法,但如果仅从数学形式出发,则曲线拟合分析是建立在测向准确解基础之上的。最终摆脱困境的原因是按曲线拟合所得到的补偿函数值主要与双站间基线长度的变化相关,而与目标距离基本无关。正是基于这种特性,首先利用目标方位的理想值预先计算并存储对应于某特定基线长度的偏差补偿值,然后根据目标到达角的实测近似值进行实时的调用,由此实现对测向偏差的修正。

5.2.2 基本原理

如图 5.1 所示,设由 A 站和 B 站构成一个双站定位系统,通过图解还能看到与双站同构的一维虚拟双基阵列。如 A 站和 B 站到被测目标 T 的距离分别为 r_a、r_b，则基于时差测量，两站间的路程差为

$$\Delta R = v_c \Delta t = r_a - r_b$$

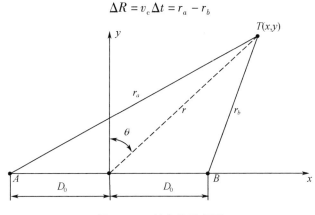

图 5.1 双站定位示意图

然后由已知的两站之间的基线长度，利用单基中点测向式可求得在基线中点处目标到达角。如果能对目标到达角进行修正，提高目标到达角的准确性，就能借助相邻程差的等差特性，通过利用双站之间的程差和目标到达角解出公差 Δa，由此可利用实测双站间的单基程差值解得虚拟双基相邻子阵的程差值，在此基础上利用一维双基的外点定位测距式求得目标的距离。

5.2.3 测向偏差的补偿

模拟计算表明，在单基中点测向式的计算值和理论准确值之间存有一个微小的偏差，据此可将单基测向式改写为

$$\sin\theta = \frac{\Delta R + \Delta\varepsilon}{2D} \tag{5.1}$$

式中：$\Delta\varepsilon$ 为对应于程差 ΔR 的偏差量。

通过移项处理，式（5.1）可转化为

$$\Delta\varepsilon = 2D_0\sin\theta - \Delta R \tag{5.2}$$

由此可将偏差项看成是近似程差 $2D_0\sin\theta$ 与实测程差 ΔR 之间的差值。在式（5.2）的基础上构造如下线性组合函数：

$$\Delta\varepsilon = c_1f_1 + c_2f_2 + c_3f_3 + c_4f_4 + c_5f_5 + c_6f_6 + c_7f_7 + c_8f_8 \tag{5.3}$$

式中：c_i 为待定常数；f_i 为已知函数。

通过模拟分析，利用已知参量 D_0 和 ΔR，可将式（5.3）中各个函数项表示为

$$f_1 = \frac{\Delta R}{2D_0}$$

$$f_2 = \sqrt{1 - \left(\frac{\Delta R}{2D_0}\right)^2}$$

$$f_3 = f_1 + f_2$$

$$f_4 = f_1 f_2^2 f_3$$

$$f_5 = (f_1 + f_2)^3$$

$$f_6 = (f_1 + f_2)^7$$

$$f_7 = (f_1 - f_2)^3$$

$$f_8 = (f_1 - f_2)^8$$

其中的若干函数项是通过手工模拟计算方式得到的,最基本的函数项 f_1、f_2 实际上是目标到达角的正弦和余弦函数。

5.2.4 最小二乘解

在模拟分析中,首先预设目标的到达角和基线中点到目标的径向距离,然后将理论计算所得到的两站间径向距离的路程差值代替实测值,由此得到偏差数据 $(\theta_i, \Delta \varepsilon_i)$,随后建立如下线性方程:

$$Ac = y \tag{5.4}$$

式中

$$A = \begin{bmatrix} f_1(\theta_1) & f_2(\theta_1) & \cdots & f_8(\theta_1) \\ f_1(\theta_2) & f_2(\theta_2) & \cdots & f_8(\theta_2) \\ \vdots & \vdots & & \vdots \\ f_1(\theta_m) & f_2(\theta_m) & \cdots & f_8(\theta_m) \end{bmatrix} \tag{5.5}$$

$$y = \begin{bmatrix} \Delta \varepsilon_1 \\ \Delta \varepsilon_2 \\ \vdots \\ \Delta \varepsilon_m \end{bmatrix} \tag{5.6}$$

最小二乘解 $c = A \backslash y$。通过拟合求得偏差 $\Delta \varepsilon$ 后,在计算到达角的准确值时必须添加绝对值,即

$$\sin\theta = \frac{|\Delta R + \Delta \varepsilon|}{2D_0} \tag{5.7}$$

这是为了消除在曲线拟合过程中接近基线轴线方向时偏差量 $\Delta \varepsilon$ 可能出现的虚部现象。

5.2.5　程差的测量误差

事实上,在实际测量时,程差值本身不可避免地带有测量误差,可采用一个系数近似表示程差实测值对准确值的偏离:

$$\Delta R_w = (1 \pm w)\Delta R \tag{5.8}$$

式中:$\pm w$ 为模拟实测值对准确值的偏差。

随后的模拟表明,在假设实测值小于理想值的情况下,利用曲线拟合法仍能得到原有的甚至更好的补偿逼近结果;但在实测值大于理想值的情况下,将出现因程差值大于单基线长度,从而导致在对

$$f_2 = \sqrt{1 - \left(\frac{\Delta R}{2D_0}\right)^2} \tag{5.9}$$

等类似函数项开平方时出现异常的状况。解决方法是人为地减小程差值,如在式(5.8)的右边乘以一个小于 1 的系数,如取 0.5:

$$\Delta R_w = 0.5(1 \pm w)\Delta R \tag{5.10}$$

这样处理后,在 $w = +0.5$ 的情况下仍能保证补偿计算的收敛性,且测向准确性计算不受任何影响,仍能保持原有的水平。计算时需要注意,在单基测向式中的程差以及在进行最小二乘法计算时,都应采用经过人为模拟修改的程差值。最后从实际计算的需要出发,且为了表达简洁,将反映程差的测量误差系数和人为修正系数合并在一起。程差修正式为

$$\Delta R_a = a_0 \Delta R \tag{5.11}$$

式中:a_0 为综合考虑程差的测量误差和人为修正因素的系数。

5.2.6　偏差的变动特性

基于曲线拟合法,对偏差数据的获取需要知道准确的测向值,但实际上以双站间基线中点为测量基准的到达角就是需要求解的量。因此,前述分析似乎仅是纯数学理论上的证明。如果能在到达角未求解的情况下仍能获取偏差数据,则基于曲线拟合的补偿法才能用于工程实际。

进一步的模拟分析证明,预先人为对程差做较大的降值修正,如取程差的计算值为实际测量值的1/2,这样做不会影响修正计算的正确和准确性,且在基线长度确定的情况下,目标距离的变化对补偿偏差值影响是很小的。

图 5.2 给出了当基线长度为 300km 时,对不同径向距离目标的偏差补偿曲线。基于补偿基本不随径向距离变化的特性,实际工程应用时,不仅能通过实时测量进行定位计算,而且可针对特定的基线长度,通过预先计算获取并保存偏差数据。在实际应用时,首先采用单基测向式较为准确地获知被测目标的到达角,然后根据所测得的角度值从储存的偏差数据中选择相对应的偏差数据用以对测

向式进行修正,从而得到准确的基线中点测向值。

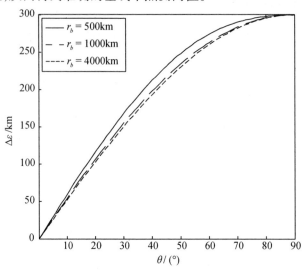

图 5.2　不同径向距离时的偏差曲线

5.2.7　测距解及相对测距误差

对于 B 站,有

$$r_b = \frac{2D_0^2 + 2\Delta R_2^2 - \Delta R^2}{2(\Delta R - 2\Delta R_2)} \tag{5.12}$$

式中

$$\Delta R = v_c \Delta t$$

$$\Delta R_2 = 0.5\Delta R - 0.5\sqrt{\frac{\Delta R^2(\Delta R + 2D_0\sin\theta) - 4D_0(\Delta R^2\sin\theta + D_0\Delta R - 2D_0^2\sin\theta)}{\Delta R + 2D_0\sin\theta}}$$

$$= 0.5\Delta R - 0.5\sqrt{\frac{(1-a_0)\Delta R^3 - \Delta R^2\Delta\varepsilon - 4(1-a_0)D_0\Delta R + 4\Delta\varepsilon D_0^2}{(1+a_0)\Delta R + \Delta\varepsilon}}$$

在对程差考虑测量误差系数和人为修正系数之后,单基测向式的修正解为

$$\sin\theta = \frac{|a_0\Delta R + \Delta\varepsilon|}{2D_0} \tag{5.13}$$

为便于误差分析,设过渡函数

$$p = 2D_0^2 + 2\Delta R_2^2 - \Delta R^2 \tag{5.14}$$

$$q = 2(\Delta R - 2\Delta R_2) \tag{5.15}$$

即有

$$r_b = \frac{p}{q} \tag{5.16}$$

距离对时差的微分为

$$\frac{\partial r_b}{\partial \Delta t} = \frac{1}{q^2}\left(q\,\frac{\partial p}{\partial \Delta t} - p\,\frac{\partial q}{\partial \Delta t} \right) \tag{5.17}$$

式中

$$\frac{\partial p}{\partial \Delta t} = 4\Delta R_2\frac{\partial \Delta R_2}{\partial \Delta t} - 2\Delta R\,\frac{\partial \Delta R}{\partial \Delta t}$$

$$\frac{\partial q}{\partial \Delta t} = 2\left(\frac{\partial \Delta R}{\partial \Delta t} - 2\,\frac{\partial \Delta R_2}{\partial \Delta t} \right)$$

且有

$$\frac{\partial \Delta R}{\partial \Delta t} = v_c$$

对于程差 ΔR_2，在目前的分析中暂时将其包含的用于补偿程差的偏差 $\Delta\varepsilon$ 看作微小的常量，由此得到偏微分为

$$\frac{\partial \Delta R_2}{\partial \Delta t} = 0.25 v_c \left\{ 2 - \frac{3(1-a_0)\Delta R^2 - 2\Delta\varepsilon\Delta R - 4(1-a_0)D_0^2 - (1+a_0)A}{[(1+a_0)\Delta R + \Delta\varepsilon]\sqrt{A}} \right\} \tag{5.18}$$

式中

$$A = \frac{(1-a_0)\Delta R^3 - \Delta R^2\Delta\varepsilon - 4(1-a_0)D_0^2\Delta R + 4\Delta\varepsilon D_0^2}{(1+a_0)\Delta R + \Delta\varepsilon}$$

根据误差分析理论，忽略站间间距的误差影响，仅由时差测量所产生的相对测距误差为

$$\sigma_r = \frac{\sigma_{\Delta t}}{r_b}\left| \frac{\partial r_b}{\partial \Delta t} \right| \tag{5.19}$$

式中：$\sigma_{\Delta t}$ 为时差测量的均方根误差，$\sigma_{\Delta t}=100\text{ns}$。

图 5.3 给出了当基线长度为 300km 时，不同径向距离时的相对测距误差曲线。模拟计算表明，到达角趋于 90° 时存在发散现象，在较大的到达角区域内可满足 $0.5\% R$ 的技术要求。

5.2.8　小结

从纯数学分析的角度，由于未知径向距离的部分信息已包含在程差测量值中，所以利用实测程差值和基线长度，并合理地构造偏差函数，就能实现对测向计算误差的补偿。

本节研究的新方法能减少探测站点的数量，由此降低了定位系统的安置和使用成本。事实上，减少观测设备是提高观测精度的原因之一。本节的研究结果表明，仅由单基时差测量所得到的测距精度比双基时差测量的结果好。这从

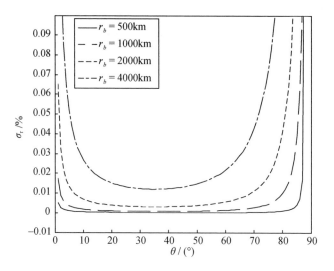

图 5.3　不同径向距离时的相对测距误差

数学形式上来说应是合理的,其原因:对于多基时差定位或多个方式的组合定位,其总的定位误差将是多个不同、独立的测量方式的测量误差分量之和;对于单基时差定位,仅包含一个时差测量的误差分量。

▌ 5.3　双星时差定位

5.3.1　概述

以卫星为平台的无源定位侦察系统,因具有不受地域和气候条件的限制、作用距离远、接收隐蔽等优点,是目前在较大范围内进行大纵深、大面积电子侦察的唯一手段,在空间信息对抗中具有重要的意义[1]。相对于三星定位系统,TDOA/FDOA 联合定位方式减少了平台数量,降低了系统实现的难度和成本,而其定位性能又高于单星定位方式,是一种很有吸引力的星载无源定位体制[2-5]。但基于 TDOA/FDOA 测量的双星定位系统存在如下问题[6-8]:

(1)由于双星 TDOA/FDOA 和地球球面方程都是未知辐射源位置的非线性函数,也就意味着求解辐射源位置需要求解一个三元高次非线性方程组。解析解较难求得,通常采用数值迭代计算或多维搜索的方法求该方程组的解;但迭代算法初值难确定、不能保证收敛、不能保证计算速度。

(2)如两颗卫星不同轨,则方程组存在两个实解,且这两个解以两颗卫星连线的星下点投影线为轴对称分布,从数学上仅仅利用方程组无法判断哪一个是正确的求解,因此存在模糊解问题。

（3）利用双星 TDOA/FDOA 联合定位方式对地、海面雷达辐射源进行定位时,由于雷达辐射的脉冲的频谱是“梳状谱”,在脉冲信号占空比较小时,会因频谱的“平顶”效应而产生脉冲重频（PRF）整数倍的测频模糊（类似 PD 雷达低重频下的速度模糊现象）,最终导致巨大的定位误差,因此,工程上使用 TDOA/FDOA 联合定位方法时,必须解决 FDOA 的模糊问题。

本节利用长基线双站时差测向法得到了一种仅基于时差测量,可在地平面的垂直平面内实现双星无源定位的算法。

5.3.2　平面近似

双星时差无源定位的基本原理如图 5.4 所示,近似将两星和目标看成共处在平面内,且此平面垂直于地平面。如卫星 S_1 和 S_2 到地面目标 T 的距离分别为 R_1、R_2,则两星之间的路程差为

$$\Delta R = v_c \Delta t = R_1 - R_2 \tag{5.20}$$

式中:v_c 为光速;Δt 为时差。

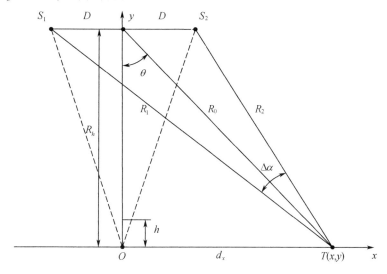

图 5.4　双星定位示意

5.3.3　对地交会角

利用长基线双站测向式近似估计两星之间的基线中点到地面目标的方位角 θ:

$$\sin\theta = \frac{\Delta R}{2D} \tag{5.21}$$

式中:D 为基线长度。

利用卫星的高度 R_h，近似估算出两星之间基线中点到地面目标的径向距离：

$$R_0 \approx \frac{R_h}{\cos\theta} \tag{5.22}$$

利用目标径向距离的近似值求得在目标位置与坐标系原点之间的距离：

$$d_x = R_0 \sin\theta = R_h \tan\theta \tag{5.23}$$

近似求得地球曲面的弓高：

$$h = R_e - \sqrt{R_e^2 - d_x^2} \tag{5.24}$$

基于计算的准确度，对卫星高度增加一个弓高：

$$R_h' = R_h + h \tag{5.25}$$

估算两星对地面目标的交会角：

$$\Delta\alpha \approx \frac{2D\cos\theta}{R_0} = \frac{2D\cos^2\theta}{R_h'} = \frac{2D}{R_h'}\left[1 - \left(\frac{\Delta R}{2D}\right)^2\right] \tag{5.26}$$

5.3.4　径向距离

按图 5.4 所示的几何关系，由余弦定理可得

$$4D^2 = R_1^2 + R_2^2 - 2R_1 R_2 \cos\Delta\alpha \tag{5.27}$$

利用程差 $\Delta R = R_1 - R_2$ 消去径向距离 R_1：

$$\begin{aligned}
4D^2 &= (R_2 + \Delta R)^2 + R_2^2 - 2(R_2 + \Delta R)R_2\cos\Delta\alpha \\
&= 2R_2^2(1 - \cos\Delta\alpha) + 2\Delta R R_2(1 - \cos\Delta\alpha) + \Delta R^2
\end{aligned} \tag{5.28}$$

可得到一元二次方程：

$$2(1 - \cos\Delta\alpha)R_2^2 + 2\Delta R(1 - \cos\Delta\alpha)R_2 + \Delta R^2 - 4D^2 = 0 \tag{5.29}$$

最终可解出径向距离：

$$\begin{aligned}
R_2 = \frac{1}{2(1 - \cos\Delta\alpha)}\Big[&-\Delta R(1 - \cos\Delta\alpha) \\
&+ \sqrt{\Delta R^2(1 - \cos\Delta\alpha)^2 - 2(1 - \cos\Delta\alpha)(\Delta R^2 - 4D^2)}\,\Big]
\end{aligned} \tag{5.30}$$

5.3.5　定位误差

5.3.5.1　过渡函数

为便于误差分析，设过渡函数

$$p = -\Delta R(1 - \cos\Delta\alpha) + \sqrt{\Delta R^2(1 - \cos\Delta\alpha)^2 - 2(1 - \cos\Delta\alpha)(\Delta R^2 - 4D^2)}$$

(5.31)

$$q = 2(1 - \cos\Delta\alpha) \tag{5.32}$$

即有

$$R_2 = \frac{p}{q} \tag{5.33}$$

5.3.5.2　时差测量产生的测距误差

目标距离对时差的微分为

$$\frac{\partial R_2}{\partial \Delta t} = \frac{1}{q^2}\left(q\,\frac{\partial p}{\partial \Delta t} - p\,\frac{\partial q}{\partial \Delta t}\right) \tag{5.34}$$

式中

$$\frac{\partial p}{\partial \Delta t} = -\frac{\partial \Delta R}{\partial \Delta t}(1 - \cos\Delta\alpha) - \Delta R\sin\Delta\alpha\,\frac{\partial \Delta\alpha}{\partial \Delta t}$$
$$+ \frac{(4D^2 - \Delta R^2\cos\Delta\alpha)\sin\Delta\alpha\,\frac{\partial \Delta\alpha}{\partial \Delta t} - (1 - \cos^2\Delta\alpha)\Delta R\,\frac{\partial \Delta R}{\partial \Delta t}}{\sqrt{\Delta R^2(1 - \cos\Delta\alpha)^2 - 2(1 - \cos\Delta\alpha)(\Delta R^2 - 4D^2)}} \tag{5.35}$$

$$\frac{\partial q}{\partial \Delta t} = 2\sin\Delta\alpha\,\frac{\partial \Delta\alpha}{\partial \Delta t} \tag{5.36}$$

其中

$$\frac{\partial \Delta\alpha}{\partial \Delta t} \approx \frac{\partial}{\partial \Delta t}\left\{\frac{2D}{R_h}\left[1 - \left(\frac{\Delta R}{2D}\right)^2\right]\right\} = -\frac{\Delta R}{DR_h}\,\frac{\partial \Delta R}{\partial \Delta t} \tag{5.37}$$

且有

$$\frac{\partial \Delta R}{\partial \Delta t} = v_c$$

5.3.5.3　卫星高度产生的测距误差

目标距离对卫星高度的微分为

$$\frac{\partial R_2}{\partial R_h} = \frac{1}{q^2}\left(q\,\frac{\partial p}{\partial R_h} - p\,\frac{\partial q}{\partial R_h}\right) \tag{5.38}$$

式中

$$\frac{\partial p}{\partial R_h} = \left[-\Delta R + \frac{4D^2 - \Delta R^2\cos\Delta\alpha}{\sqrt{\Delta R^2(1 - \cos\Delta\alpha)^2 - 2(1 - \cos\Delta\alpha)(\Delta R^2 - 4D^2)}}\right]\sin\Delta\alpha\,\frac{\partial \Delta\alpha}{\partial R_h}$$

(5.39)

$$\frac{\partial q}{\partial \Delta R_h} = 2 \sin \Delta \alpha \frac{\partial \Delta \alpha}{\partial \Delta R_h} \tag{5.40}$$

且有

$$\frac{\partial \Delta \alpha}{\partial R_h} = -\frac{2D}{(R_h + h)^2} \left[1 - \left(\frac{\Delta R}{2D} \right)^2 \right]$$

在卫星高度远大于星间距离的情况下,由卫星高度所产生的测距误差是较小的。

5.3.5.4 星间距离产生的测距误差

目标距离对卫星间距的微分为

$$\frac{\partial R_2}{\partial D} = \frac{1}{q^2} \left(q \frac{\partial p}{\partial D} - p \frac{\partial q}{\partial D} \right) \tag{5.41}$$

式中

$$\frac{\partial p}{\partial D} = -\Delta R \sin \Delta \alpha \frac{\partial \Delta \alpha}{\partial D}$$

$$+ \frac{\Delta R^2 (1 - \cos \Delta \alpha) \sin \Delta \alpha \frac{\partial \Delta \alpha}{\partial D} - \sin \Delta \alpha \frac{\partial \Delta \alpha}{\partial D} (\Delta R^2 - 4D^2) + 8D(1 - \cos \Delta \alpha)}{\sqrt{\Delta R^2 (1 - \cos \Delta \alpha)^2 - 2(1 - \cos \Delta \alpha)(\Delta R^2 - 4D^2)}}$$

$$\tag{5.42}$$

$$\frac{\partial q}{\partial D} = 2 \sin \Delta \alpha \frac{\partial \Delta \alpha}{\partial D} \tag{5.43}$$

且有

$$\frac{\partial \Delta \alpha}{\partial D} = \frac{2}{R_h'} \left[1 - \left(\frac{\Delta R}{2D} \right)^2 \right] + \frac{1}{R_h'} \left(\frac{\Delta R}{D} \right)^2$$

由此可知,由星间距离的测量误差所产生的测距误差也是很小的。

5.3.5.5 测距误差

根据误差分析理论,由时差测量所产生的相对测距误差为

$$\sigma_r = \frac{1}{R_2} \left(\left| \frac{\partial R_2}{\partial \Delta t} \right| \sigma_{\Delta t} + \left| \frac{\partial R_2}{\partial R_h} \right| \sigma_h + \left| \frac{\partial R_2}{\partial D} \right| \sigma_D \right) \tag{5.44}$$

式中:$\sigma_{\Delta t}$、σ_h 和 σ_D 分别为时差测量的均方根误差,且取 $\sigma_{\Delta t} = 100\text{ns}$,$\sigma_h = 10\text{m}$,$\sigma_D = 100\text{m}$。

为计算方便,图 5.5 以双星基线中点的方位角为基准给出了不同星间距离时的相对测距误差曲线。初步的模拟计算表明,单基双星时差定位的精度比较

高。在星间距离大于 20km，即可实现 0.5% 的定位精度。

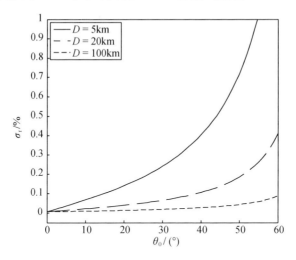

图 5.5　不同星间距离时的相对测距误差

模拟计算时，首先预设卫星高度，然后利用三角函数得到一元二次方程计算出基线中点到被导航目标的径向距离：

$$R_0^2 - 2(R_e + R_h)R_0\cos\theta + (R_h^2 + 2R_h R_e) = 0 \qquad (5.45)$$

模拟计算式所取的参数：地球半径 6400km；卫星高度 800km。

5.3.6　小结

本节的分析再次表明，仅基于单个时差测量的无源定位方式具有更高的定位精度，但目前仅基于时差测量的双星无源定位方法仅能在垂直于地平面的二维平面内进行较准确的定位探测，如目标偏离垂直平面的距离较大，计算准确度就将下降，如不增加探测方法，仅基于单独的时差测量方式，目前似乎还没有较好的解决方案。尽管如此，因仅基于时差测量的定位算法的特点在于不存在模糊，仅有一个正解，故本节提出的新方法也可辅助现有的基于 TDOA/FDOA 测量的双星定位系统，用于简化计算，消除定位模糊。

5.4　对匀扫波束雷达的三站时差定位

5.4.1　概述

对于匀速圆周扫描雷达，利用其波束顺序扫过若干个侦察站所得到的时间差，可实现对雷达站的多站无源定位测量。文献[9]论述了这种方法的工作原理,文献[10]利用平面笛卡儿坐标中两相交直线的斜率与夹角之间的关系,并借助于平面坐标系的旋转变换,从形式上推导出非直线三站阵列对匀速扫描波束的时差定位公式。但在其较为繁杂的推导过程中存在的问题是没有明确说明各个直线斜率的确定方法,如果不采用测向的方法获得目标的方向斜率,则最终关于目标坐标位置的计算公式中显然将包含未知的参量。如果通过测向的方法获得目标的方位角,则整个探测系统的设计将并无优势可言。

本节研究并推导出仅基于时差测量技术的三站阵列对匀扫波束雷达的定位解析公式。仅由时差测量得到波束扫描角,并利用平面三角函数关系,即能直接在极坐标系中推导出非直线不等间距三站阵列对匀速扫描雷达站的定位公式。应用误差估计理论所做的分析显示,基于匀速波束扫描时差测量的三站无源定位系统具有较高的测向测距精度,且在基线方向不存在测向盲区。采用非直线、不等距布阵也能进一步有效降低测向误差。如 V 形布阵,在阵列夹角的中心线上具有最小误差值。

5.4.2 目标距离的推证

基于一般性分析,图5.6给出了非直线且不等间距的三站时差探测阵列,站间间距分别为 d_1 和 d_2,与目标的径向距离分别为 r_1、r_0 和 r_2。当雷达波束依次扫过 S_1、S_0 和 S_2 三个侦察站时,将在平面上相对于三个测量站形成两个波束扫描张角 $\Delta\theta_1$ 和 $\Delta\theta_2$,设波束的扫描周期为 T,三站两两间的波束扫描时差为 Δt_1 和 Δt_2,则波束扫描的张角为

$$\Delta\theta_1 = 360\frac{\Delta t_1}{T} \tag{5.46}$$

$$\Delta\theta_2 = 360\frac{\Delta t_2}{T} \tag{5.47}$$

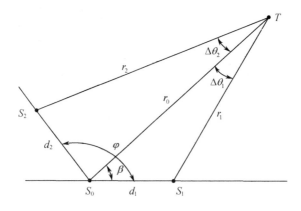

图5.6 三站不等距非直线阵列的布站示意

由正弦定理可得

$$\frac{r_0}{\sin(\pi - \Delta\theta_1 - \beta)} = \frac{d_1}{\sin\Delta\theta_1} \tag{5.48}$$

$$\frac{r_0}{\sin(\pi - \Delta\theta_2 - \varphi + \beta)} = \frac{d_2}{\sin\Delta\theta_2} \tag{5.49}$$

式中：φ 为阵列两基线间的夹角，$\varphi = \angle S_1 S_0 S_2$。

将式(5.48)和式(5.49)相比可得

$$q = \frac{d_1}{d_2}\frac{\sin\Delta\theta_2}{\sin\Delta\theta_1} = \frac{\sin(\Delta\theta_2 + \varphi - \beta)}{\sin(\Delta\theta_1 + \beta)} \tag{5.50}$$

由式(5.50)解出方位角 β，经模拟仿真验证，对应于不同自变量值域的各个计算式为

$$\tan\beta = \frac{\sin(\Delta\theta_2 + \varphi) - q\sin\Delta\theta_1}{\cos(\Delta\theta_2 + \varphi) + q\cos\Delta\theta_1}, \quad -90° < \beta < 90° \tag{5.51}$$

$$\tan\beta = -180° + \frac{\sin(\Delta\theta_2 + \varphi) - q\sin\Delta\theta_1}{\cos(\Delta\theta_2 + \varphi) + q\cos\Delta\theta_1}, \quad -180° < \beta < -90° \tag{5.52}$$

$$\tan\beta = 180° + \frac{\sin(\Delta\theta_2 + \varphi) - q\sin\Delta\theta_1}{\cos(\Delta\theta_2 + \varphi) + q\cos\Delta\theta_1}, \quad 90° < \beta < 180° \tag{5.53}$$

在此基础上，由式(5.48)或式(5.49)，可解得目标到中间侦察站 S_0 的径向距离为

$$r_0 = (\cos\beta + \sin\beta \cdot \cot\Delta\theta_1)d_1 = \frac{(1 + \tan\beta \cdot \cot\Delta\theta_1)}{\sqrt{1 + \tan^2\beta}}d_1$$

$$= \frac{\left[1 + \frac{\sin(\Delta\theta_2 + \varphi) - q\sin\Delta\theta_1}{\cos(\Delta\theta_2 + \varphi) + q\cos\Delta\theta_1} \cdot \cot\Delta\theta_1\right]}{\sqrt{1 + \left[\frac{\sin(\Delta\theta_2 + \varphi) - q\sin\Delta\theta_1}{\cos(\Delta\theta_2 + \varphi) + q\cos\Delta\theta_1}\right]^2}}d_1 \tag{5.54}$$

当 $\varphi \to \pi$ 时，即可得到不等间距三站直线阵列的定位解析公式。若 $d_1 = d_2$，则可得等间距三站阵列的定位解析公式。

事实上，如直接求径向距离 r_1，则能得到更为简洁、适用于测量误差分析的测距公式：

$$r_1 = d_1\frac{\sin\beta}{\sin\Delta\theta_1} \tag{5.55}$$

5.4.3　误差分析

5.4.3.1　测向误差分析

设过渡函数

$$P = \sin(\Delta\theta_2 + \varphi) - q\sin\Delta\theta_1$$

$$Q = \cos(\Delta\theta_2 + \varphi) + q\cos\Delta\theta_1$$

对函数关系式(5.51)两边分别对时差 Δt_i 求偏导,可求得由时差测量所产生的相对方位角的测量误差分量为

$$\frac{\partial\beta}{\partial\Delta t_1} = \frac{\cos^2\beta}{Q^2}\Big[Q\frac{\partial P}{\partial\Delta t_1} - P\frac{\partial Q}{\partial\Delta t_1}\Big] \tag{5.56}$$

$$\frac{\partial\beta}{\partial\Delta t_2} = \frac{\cos^2\beta}{Q^2}\Big[Q\frac{\partial P}{\partial\Delta t_2} - P\frac{\partial Q}{\partial\Delta t_2}\Big] \tag{5.57}$$

式中

$$\frac{\partial P}{\partial\Delta t_1} = 0$$

$$\frac{\partial Q}{\partial\Delta t_1} = -\frac{360}{T}\frac{d_1}{d_2}\frac{\sin\Delta\theta_2}{\sin^2\Delta\theta_1}$$

$$\frac{\partial P}{\partial\Delta t_2} = \frac{360}{T}\Big[\cos(\Delta\theta_2 + \varphi) - \frac{d_1}{d_2}\cos\Delta\theta_2\Big]$$

$$\frac{\partial Q}{\partial\Delta t_2} = -\frac{360}{T}\Big[\sin(\Delta\theta_2 + \varphi) + \frac{d_1}{d_2}\frac{\cos\Delta\theta_2}{\tan\Delta\theta_1}\Big]$$

据误差估计与合成理论,相对方位角的总测量误差为

$$\sigma_\beta = \sqrt{\Big(\frac{\partial\beta}{\partial\Delta t_1}\sigma_t\Big)^2 + \Big(\frac{\partial\beta}{\partial\Delta t_2}\sigma_t\Big)^2} = \sqrt{\Big(\frac{\partial\beta}{\partial\Delta t_1}\Big)^2 + \Big(\frac{\partial\beta}{\partial\Delta t_2}\Big)^2}\,\sigma_t \tag{5.58}$$

为进行测向误差的数值分析,首先假定被测目标到中间测站的距离 $r_0 = 500\mathrm{km}$,时差测量的均方根误差 $\sigma_t = 100\mathrm{ns}$,波束扫描周期 $T = 60\mathrm{s}$,并给定阵列夹角 φ、基线与径向距离的比值和两基线长度的比值,方位角 β 为自变量,且在规定的区间内连续线性变化。

在此基础上就能确定出基线的长度 d_1、d_2 以及目标到其余两侦察站的径向距离 r_1、r_2,由三角函数关系求得目标相对于测站的两个波束张角 $\Delta\theta_1$、$\Delta\theta_2$。若不做说明,取基线长度 $d_1 = 5\mathrm{km}$。

图5.7给出了当 $\varphi\to\pi, d_1 = d_2$ 时,即直线等距阵列的测向误差曲线。模拟结果表明,测向精度似乎很高,经反复核查程序暂未发现计算和参数设定错误。模拟计算表明,测向误差与基线长度成反比,且当辐射源的方位角趋于与天线阵列的轴线方向时($\beta\to0°$),误差有所减少,在多站定位中,通常在基线轴线方向的误差非常大,即存在测向盲区。

图5.8的计算结果表明,不等间距布阵能够获得更高的测向精度,且减小比

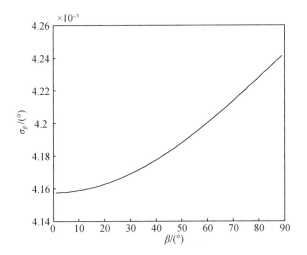

图 5.7　直线等距阵列的测向误差（不同基线长度）

值 q 能降低测量误差。这即意味着，基线长度 d_2 必须大于基线长度 d_1。

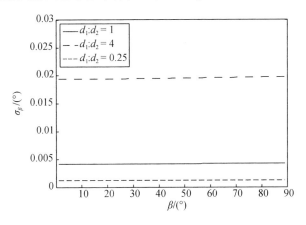

图 5.8　直线不等间距阵列的测向误差

图 5.8 给出了不同阵列夹角时的测向误差曲线，总的来说测向精度与阵列夹角 φ 成反比。

5.4.3.2　测距误差分析

对式（5.55）两边分别对时差 Δt_i 求偏导，可求得由时差测量所产生的径向距离的测量误差分量为

$$\frac{\partial r_1}{\partial \Delta t_1} = \frac{d_1}{\sin \Delta \theta_1}\Big[\cos \beta \frac{\partial \beta}{\partial \Delta t_1} - \frac{360}{T}\frac{\sin \beta}{\tan \Delta \theta_1}\Big] \tag{5.59}$$

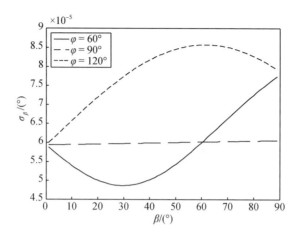

图 5.9 非直线等距阵列的测向误差(不同阵列夹角)

$$\frac{\partial r_1}{\partial \Delta t_2} = d_1 \frac{\cos\beta}{\sin\Delta\theta_1} \frac{\partial\beta}{\partial\Delta t_2} \tag{5.60}$$

根据误差估计与合成理论,径向距离的相对测距误差为

$$\sigma_r = \left(\left| \frac{\partial r_1}{\partial \Delta t_1} \right| + \left| \frac{\partial r_1}{\partial \Delta t_2} \right| \right) \frac{\sigma_t}{r_1} \tag{5.61}$$

图 5.10 显示了测距误差,从中可见增大基线长度能较显著地提高测距精度。其原因在于:增加基线的同时也增大了波束扫描的张角,并有效地减小了由时差测量产生的相对方位角的测量误差分量。

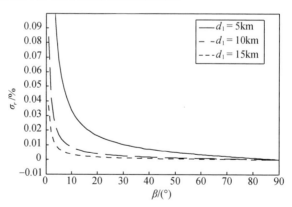

图 5.10 等距阵列的测距误差

与多站定位系统的测距误差分布不同,基于波束扫描的定位系统趋向垂直于基线的方向时测距误差将逐渐增加,这是由于在径向距离的测量误差分量的分母中都含有 $\sin\Delta\theta_1$ 项,且随方位角 β 而变化,当方位角 β 趋向于 90°时,$\Delta\theta_1$ 角

将逐渐减小。

5.4.4　小结

本节的分析表明,在假定被测波束扫描雷达近似静止不动,且波束匀速扫描的情况下,仅利用简单的时差测量技术即可由三站阵列确定出匀速圆周扫描雷达目标的位置。

与现有的多站时差定位不同,对匀扫波束雷达的三站时差定位事实上是基于三角定位原理实现的,其中的观测角度是通过对时差测量而得到的,并且角度的测量仅与波束扫描时差相关,而与量值巨大的光速无关。故误差分析表明,这是一种比常规的多站时差无源定位系统具有更高的测向和测距精度的定位方法。

◤ 5.5　高阶测向交叉定位法

5.5.1　概述

测向定位法是实现运动单站无源定位的传统方法[11-16],通常是用单个运动的平台对辐射源的角度进行连续测量,仅利用角度信息进行交叉定位。该方法要求目标与观测平台之间的相对运动非径向,在目标运动的情况下需要观测平台做特殊的机动。

测向交叉定位法在工程实现方面仍然存在定位精度不高的缺点,已有的主要做法是采用某些算法进行处理[17-20]。与现有的直接从平面几何函数得到的测向交叉定位的算法不同,本节采用几何投影法将程差表示式变换为仅基于角度测量的函数,由此得到与高阶几何参量相关的双站测距算法。新的方法具有更高的测距精度,仅需要几千米的基线就能对 300km 远的目标进行定位测量,且易拓展应用于运动单站。

5.5.2　变量变换

根据已有的分析[21],在式(1.13)的分子项上,两个相邻的程差 Δr_i 可认为近似相等,即 $\Delta r_1 \approx \Delta r_2$,于是式(1.13)简化为

$$r_2 = \frac{d^2 - \Delta r_1^2}{\Delta r_1 - \Delta r_2} \tag{5.62}$$

又根据第 1 章的分析,由几何投影法可得

$$\Delta r_i = d\sin\theta_i - d\cos\theta_i \cdot \tan(0.5\Delta\theta_i) \tag{5.63}$$

其中,交会角 $\Delta\theta_i$ 可以由两站点到达角的差值确定,且可认为 $\Delta\theta_1 \approx \Delta\theta_2$,

即有

$$\Delta\theta_i = \Delta\theta_1 \approx \Delta\theta_2 = \theta_1 - \theta_2$$

将程差修正式(5.63)代入式(5.62),就可将基于程差测量的测距解变换为仅基于测角的测距公式:

$$r_2 = d \frac{1 - [\sin\theta_1 - \cos\theta_1 \cdot \tan(0.5\Delta\theta)]^2}{\sin\theta_1 - \sin\theta_2 + (\cos\theta_2 - \cos\theta_1)\tan(0.5\Delta\theta)} \tag{5.64}$$

5.5.3　降阶演绎

对于式(5.64),如认为 $\Delta\theta \approx 0$,则有

$$r_2 = D \frac{1 - \sin^2\theta_1}{\sin\theta_1 - \sin\theta_2} = D \frac{\cos^2\theta_1}{\sin\theta_1 - \sin\theta_2} \tag{5.65}$$

利用三角函数中的和差化积公式进行变换,得

$$r_2 = \frac{D\cos^2\theta_1}{2\sin\left(\dfrac{\theta_1 - \theta_2}{2}\right)\cos\left(\dfrac{\theta_1 + \theta_2}{2}\right)} \tag{5.66}$$

再令 $\dfrac{\theta_1 + \theta_2}{2} \approx \theta_1$,就能得到利用正弦定理推导出的定位测距公式:

$$r_2 \approx \frac{D\cos^2\theta_1}{\Delta\theta\cos\theta_1} \approx \frac{D\cos\theta_1}{\sin\Delta\theta} \tag{5.67}$$

可以认为,直接利用三角几何函数得到的定位测距公式仅是角度的一阶组合,而基于程差公式所得到的基于交叉测向的定位测距公式则是角度的高阶组合。对高阶组合进行近似简化就能得到一阶组合。

虽然由程差方程得到的仅基于测向的定位公式能通过近似简化回归到利用三角几何所得到的定位公式。但从纯数学分析的角度,直接利用三角几何函数得到的定位公式并不能通过拓展而推导出高阶的测距算法。

5.5.4　布局的演化

如图5.11所示,假定运动单站无源定位平台沿直线移动从 A 点经过直线距离 D 后到达 B 点,可将其由运动轨迹所形成的布局等效看作是一个双站定位阵。此时,双站测向交叉定位公式就能转变为运动单站的测向交叉定位。

由于测距式与平台的速度无关,所以对运动平台的速度不需要限定,仅需严格保持直线运动,并准确地获得两点间的距离。

5.5.5　误差分析

为便于误差分析,设过渡函数

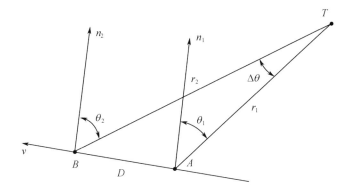

图 5.11　由运动轨迹所形成的双站定位阵

$$P = 1 - \{ \sin\theta_1 - \cos\theta_1 \cdot \tan[\, 0.5(\theta_1 - \theta_2) \,] \}^2$$
$$Q = \sin\theta_1 - \sin\theta_2 + (\cos\theta_2 - \cos\theta_1)\tan[\, 0.5(\theta_1 - \theta_2) \,]$$

即有

$$r_2 = d\,\frac{P}{Q} \tag{5.68}$$

距离对目标方位角的微分为

$$\frac{\partial r_2}{\partial \theta_i} = \frac{d}{Q^2}\Big[Q\,\frac{\partial P}{\partial \theta_i} - P\,\frac{\partial Q}{\partial \theta_i} \Big] \tag{5.69}$$

式中

$$\frac{\partial P}{\partial \theta_1} = -2\{ \sin\theta_1 - \cos\theta_1 \cdot \tan[\, 0.5(\theta_1 - \theta_2) \,] \}\Big\{ \cos\theta_1 + \sin\theta_1$$
$$\cdot \tan[\, 0.5(\theta_1 - \theta_2) \,] - \frac{\cos\theta_1}{2\cos^2[\, 0.5(\theta_1 - \theta_2) \,]} \Big\}$$

$$\frac{\partial P}{\partial \theta_2} = -\{ \sin\theta_1 - \cos\theta_1 \cdot \tan[\, 0.5(\theta_1 - \theta_2) \,] \}\Big\{ \frac{\cos\theta_1}{\cos^2[\, 0.5(\theta_1 - \theta_2) \,]} \Big\}$$

$$\frac{\partial Q}{\partial \theta_1} = \cos\theta_1 + \sin\theta_1 \cdot \tan[\, 0.5(\theta_1 - \theta_2) \,] + \frac{(\cos\theta_2 - \cos\theta_1)}{2\cos^2[\, 0.5(\theta_1 - \theta_2) \,]}$$

$$\frac{\partial Q}{\partial \theta_2} = -\cos\theta_2 - \sin\theta_2 \cdot \tan[\, 0.5(\theta_1 - \theta_2) \,] - \frac{(\cos\theta_2 - \cos\theta_1)}{2\cos^2[\, 0.5(\theta_1 - \theta_2) \,]}$$

根据误差分析理论,忽略站间间距的误差影响,仅由角度测量所产生的相对测距误差为

$$\sigma_r = \frac{\sigma_\theta}{r}\Big\{ \Big| \sum_{i=1}^{2} \frac{\partial r}{\partial \theta_i} \Big| \Big\} \tag{5.70}$$

图 5.12 给出了不同站距时的相对测距误差曲线,显然,随着站间基线长度 D 的增加,相对测量误差将会逐渐降低。大于 3km 即可在 ±60° 范围内得到满

足 5% R 的技术要求。如基线大于 10km,则可满足 1% R 的技术要求。同时,仿真计算还表明,相对测量误差与径向距离成正比。

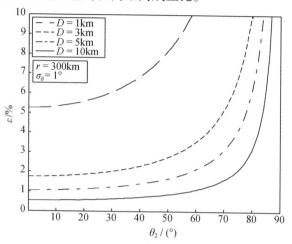

图 5.12   不同站距时的相对测量误差

5.5.6   小结

多站测向定位技术是发展最早、研究最多和使用最广泛的无源定位技术。对于真实目标来说,一般情况下,方向角度变化慢、范围小,是最可靠的辐射源参数之一。特别是在现代密集复杂信号环境下,方向参数几乎成为唯一可靠的辐射源参数,且用方向角来定位,对各侦察平台之间的时统要求较低。因此对方向测量定位方法的继续研究具有极其重要的意义。

5.6   双站测向系统基线长度的虚拟扩展

5.6.1   概述

测向交叉定位法通过在不同观测点上对同一辐射源进行探测获得一组方向测量信息,并按照一定的算法进行处理以获得辐射源的坐标位置。测向系统因具有对三维目标的定位仅需两个观测站,系统对站间的时间同步要求不高,作用范围大、侦测距离远、机动性强,可实现单站对目标定位等诸多优点,而一直被关注。

测向交叉法的主要缺点是定位误差相对较大,尤其在侧边区域更为明显[22-24]。较为有效地降低误差的方法是增加两观测点之间的基线长度。但实际工程中,因有许多限制而难以增加站间的基线长度。

本节的重点是研究如何借助相邻程差的等差特性来虚拟扩展探测阵列的基线长度和虚拟增加阵列的辐射单元,由此提高实测双站测向交叉定位精度的方法。首先利用正切中值关系说明仅基于角度的扩展是不能提高双站测向交叉定位精度的,随后描述了基于相邻程差等差特性虚拟扩展基线长度的方法,并在此基础上给出了同时利用正切中值关系和等差特性虚拟扩展基线的方法。

第 1 章的分析说明,对于一维双基测向解,一方面通过简化分析得到适用于长基线的单基中点测向式,另一方面通过变量置换发现在相邻两程差之间存在一种类似于等差级数的特性。

根据上述的研究结果,首先借助单基中点测向法,利用一个实测单站的测向值就能获得对应于虚拟扩展基阵总长度的程差值;然后利用相邻程差的等差特性,由两个实测站点所提供的观测量和几何参量求得虚拟双基阵相邻程差的等差级数的公差。

在此基础上,由等差数列即可求得虚拟双基阵的两个相邻程差,随后利用一维双基测距解给出虚拟扩展阵列的测距解。误差分析表明,通过虚拟扩展基线长度将实测单基双站定位转换为虚拟双基三站定位的新方法能有效提高测向交叉法的定位精度。例如,采用 5km 实测基线即可实现原来需要 50km 基线才能实现的测距精度。

5.6.2　仅基于角度的虚拟扩展

5.6.2.1　正切中值关系

对图 5.13 所示的一维等距双基三站定位方式,将三个站点的径向距离分别投影到 x 轴和 y 轴,可获得如下的恒等式:

$$r_2\sin\theta_2 = r_1\sin\theta_1 - d \tag{5.71}$$

$$r_2\sin\theta_2 = r_3\sin\theta_3 + d \tag{5.72}$$

$$r_2\cos\theta_2 = r_1\cos\theta_1 \tag{5.73}$$

$$r_2\cos\theta_2 = r_3\cos\theta_3 \tag{5.74}$$

将式(5.71)和式(5.72)相加,得

$$2r_2\sin\theta_2 = r_1\sin\theta_1 + r_3\sin\theta_3 \tag{5.75}$$

然后将式(5.73)和式(5.74)代入式(5.75)消除径向距离 r_1、r_3,得

$$2r_2\sin\theta_2 = \frac{r_2\sin\theta_1\cos\theta_2}{\cos\theta_1} + \frac{r_2\sin\theta_3\cos\theta_2}{\cos\theta_3} \tag{5.76}$$

由此可证得在三个站点的到达角之间存有如下的正切中值关系:

$$2\tan\theta_2 = \tan\theta_1 + \tan\theta_3 \tag{5.77}$$

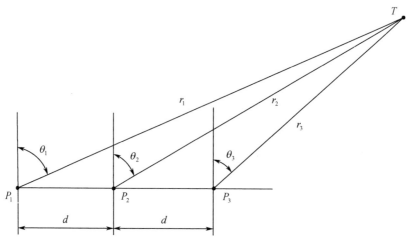

图 5.13　一维双基三站定位

5.6.2.2　基于角度递推的虚拟扩展测距式

借用图 5.13 所给出的几何关系，设双站测向交叉定位系统已通过测向得到了目标到达角 θ_1、θ_2，然后利用正切中值关系，由双站测向值直接递推得到与两实测站点之间距离相等的虚拟站点 P_3 处的目标到达角 θ_3。进一步仿照常规的三角定位解可得到基于递推、虚拟扩展基线后的测距式：

$$r_1 = \frac{2d\cos\theta_3}{\sin(\theta_1 - \theta_3)} \tag{5.78}$$

设

$$r_1 = d\,\frac{p}{q} \tag{5.79}$$

式中

$$p = \cos\theta_3$$

$$q = \sin(\theta_1 - \theta_3)$$

距离对各个角度的偏微分为

$$\frac{\partial r_1}{\partial \theta_i} = \frac{d}{q^2}\left(q\,\frac{\partial p}{\partial \theta_i} - p\,\frac{\partial q}{\partial \theta_i}\right), \qquad i = 1,2 \tag{5.80}$$

式中

$$\frac{\partial p}{\partial \theta_1} = \sin\theta_3\frac{\cos^2\theta_3}{\cos^2\theta_1}$$

$$\frac{\partial p}{\partial \theta_2} = -2\sin\theta_3\frac{\cos^2\theta_3}{\cos^2\theta_2}$$

$$\frac{\partial q}{\partial \theta_1} = \cos(\theta_1 - \theta_3)\left(1 + \frac{\cos^2\theta_3}{\cos^2\theta_1}\right)$$

$$\frac{\partial q}{\partial \theta_2} = -2\cos(\theta_1 - \theta_3)\frac{\cos^2\theta_3}{\cos^2\theta_1}$$

根据误差理论,忽略基线测量误差,基于角度测量的三角定位具有的相对测距误差为

$$\sigma_r = \frac{\sigma_\theta}{r_1}\sum_{i=1}^{2}\left|\frac{\partial r_1}{\partial \theta_i}\right| \tag{5.81}$$

式中:σ_θ 为测量角度的均方根测量误差,$\sigma_\theta = 1°\frac{\pi}{180°}$。

图 5.14 给出了当目标距离为 300km,双站间基线长度为 10km 时,常规三角定位算法与直接角度递推虚拟扩展算法的相对测距误差的比较。由此可见,直接采用角度递推虚拟扩展基线的方式不能提高测距精度。

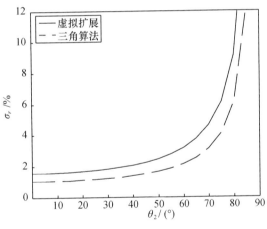

图 5.14　相对测距误差

5.6.3　一次虚拟扩展

5.6.3.1　测距式

如图 5.13 所示,设双站测向交叉定位系统已通过测向得到了目标到达角 θ_1、θ_2,基于单基中点测向式,由 P_2 点的测向结果可得到在 P_1 和 P_3 两站点之间的虚拟程差:

$$\Delta r_{13} = 2d\sin\theta \tag{5.82}$$

利用两点测向所得到的角度差,由第 1 章所描述的公差的几何图解方式可获得相邻程差的等差级数的公差:

$$\Delta a = d\cos\theta_2 \tan(0.5\Delta\theta) \tag{5.83}$$

式中:$\Delta\theta = \theta_1 - \theta_2$。

利用程差的等差特性,可解得相邻基线的程差:

$$\Delta r_1 = 0.5\Delta r_{13} + \Delta a = d\sin\theta + d\cos\theta_2 \tan(0.5\Delta\theta) \tag{5.84}$$

$$\Delta r_2 = 0.5\Delta r_{13} - \Delta a = d\sin\theta - d\cos\theta_2 \tan(0.5\Delta\theta) \tag{5.85}$$

在此基础上,利用一维双基阵测距公式可得

$$\begin{aligned} r_2 &= \frac{2d^2 - \Delta r_1^2 - \Delta r_2^2}{2(\Delta r_1 - \Delta r_2)} \\ &= \frac{d[1 - \sin^2\theta_2 - \cos^2\theta_2 \tan^2(0.5\Delta\theta)]}{2\cos\theta_2 \tan(0.5\Delta\theta)} \end{aligned} \tag{5.86}$$

模拟计算表明,如将正切函数中所包含的交会角项

$$0.5\Delta\theta = 0.5(\theta_1 - \theta_2)$$

改为

$$\Delta\theta_{13} = 0.25(\theta_1 - \theta_3)$$

则能有效改善相对计算误差,即有

$$r_2 = \frac{d\cos\theta_2[1 - \tan^2(0.25\Delta\theta_{13})]}{2\tan(0.25\Delta\theta_{13})} \tag{5.87}$$

图 5.15 给出了式(5.87)的相对计算误差,显然,与常规的三角测距公式相比,计算准确度有较大的下降。

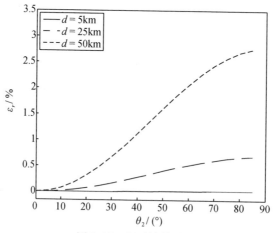

图 5.15 相对计算误差

5.6.3.2 误差分析

设

$$r_2 = 0.5d \frac{p_a}{q_a} \tag{5.88}$$

式中

$$p_a = \cos\theta_2 \left[1 - \tan^2 (0.25\Delta\theta_{13}) \right]$$

$$q_a = \tan(0.25\Delta\theta_{13})$$

距离对角度的偏微分为

$$\frac{\partial r_2}{\partial \theta_i} = \frac{d}{2q_a^2} \left(q_a \frac{\partial p_a}{\partial \theta_i} - p_a \frac{\partial q_a}{\partial \theta_i} \right) \tag{5.89}$$

式中

$$\frac{\partial p_a}{\partial \theta_1} = -0.5 \frac{\tan(0.25\Delta\theta_{13})}{\cos^2(0.25\Delta\theta_{13})} \left[1 - \frac{\partial \theta_3}{\partial \theta_1} \right]$$

$$\frac{\partial q_a}{\partial \theta_1} = 0.25 \sec^2(0.25\Delta\theta_{13}) \left[1 - \frac{\partial \theta_3}{\partial \theta_1} \right]$$

$$\frac{\partial p_a}{\partial \theta_2} = -0.5 \frac{\tan(0.25\Delta\theta_{13})}{\cos^2(0.25\Delta\theta_{13})} \left[- \frac{\partial \theta_3}{\partial \theta_2} \right]$$

$$\frac{\partial q_a}{\partial \theta_2} = 0.25 \sec^2(0.25\Delta\theta_{13}) \left[- \frac{\partial \theta_3}{\partial \theta_1} \right]$$

根据正切中值关系,得

$$\frac{\partial \theta_3}{\partial \theta_1} = - \frac{\cos^2\theta_3}{\cos^2\theta_1}$$

$$\frac{\partial \theta_3}{\partial \theta_2} = 2 \frac{\cos^2\theta_3}{\cos^2\theta_2}$$

根据误差理论,不考虑基线的测量误差,相对测距误差为

$$\sigma_r = \frac{\sigma_\theta}{r_1} \sum_{i=1}^{2} \left| \frac{\partial r_1}{\partial \theta_i} \right| \tag{5.90}$$

图 5.16 给出了在不同实测基线长度时相对测距误差曲线,并与常规的三角测距式的相对测距误差做了比较。显然,借助一维双基等差特性,通过虚拟拓展基线长度所得到的测距式具有更好的误差特性。

模拟计算时所用的参数值:目标距离 $r = 300\text{km}$;

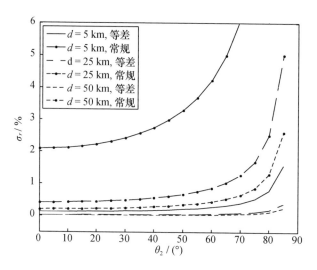

图 5.16　相对测距误差

角度测量的均方根误差 $\sigma_\theta = 1° \dfrac{\pi}{180}°$。

5.6.3.3　数学解释

利用近似关系

$$\sin\Delta\theta = \tan\Delta\theta = \tan(0.5\Delta\theta_{13}) = 2\tan(0.25\Delta\theta_{13})$$

对式(5.87)稍做近似处理后,得

$$r_2 = \frac{d\cos\theta_2\left[1 - \tan^2(0.25\Delta\theta_{13})\right]}{2\tan(0.25\Delta\theta_{13})}$$

$$\approx \frac{d\cos\theta_2}{\sin\Delta\theta}\left[1 - \tan^2(0.25\Delta\theta_{13})\right] \tag{5.91}$$

与按常规三角定位所得到的测距式相比,即可发现多了一个因子$[1 - \tan^2$ $(0.25\Delta\theta_{13})]$。在交会角较小时,有 $\tan^2(0.25\Delta\theta_{13}) < 1$,因而是一个小于 1 的值。

对式(5.91)进行偏微分,得

$$\frac{\partial r_2}{\partial \theta_i} = \left[1 - \tan^2(0.25\Delta\theta_{13})\right]\frac{\partial}{\partial \theta_i}\left[\frac{d\cos\theta_2}{\sin\Delta\theta}\right] + \frac{d\cos\theta_2}{\sin\Delta\theta}\frac{\partial}{\partial \theta_i}\left[1 - \tan^2(0.25\Delta\theta_{13})\right]$$

$$\tag{5.92}$$

前一项是常规三角定位误差乘以一个小于 1 的因子,后一项是目标距离和一个偏微分项相乘,即 $r_2 \frac{\partial}{\partial \theta_i}[1 - \tan^2(0.25\Delta\theta_{13})]$。

对于相对误差分析,目标距离将被约去,故仅剩下一个偏微分项,可以证明这是一个小于 1 的项。具体来说,对于站点 1 的到达角,有

$$\frac{\partial}{\partial \theta_i}[1 - \tan^2(0.25\Delta\theta_{13})] = 0.5 \frac{\tan(0.25\Delta\theta_{13})}{\cos^2(0.25\Delta\theta_{13})} \frac{\cos^2\theta_3}{\cos^2\theta_1}$$

因交会角的正切值远小于 1,故此偏微分项小于 1。

对于站点 2,有

$$\frac{\partial}{\partial \theta_2}[1 - \tan^2(0.25\Delta\theta_{13})] = -\frac{\tan(0.25\Delta\theta_{13})}{\cos^2(0.25\Delta\theta_{13})} \frac{\cos^2\theta_3}{\cos^2\theta_2}$$

显然这是一个绝对值小于 1 的项,并且还是负的,这无疑进一步增加了减小误差分量的作用。

5.6.4 二次虚拟扩展

5.6.4.1 几何参量

在借助等差特性求得目标距离的基础上,再次利用正切中值关系和等差特性虚拟扩展基线。二次虚拟扩展的几何关系如图 5.17 所示。

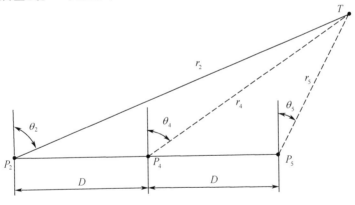

图 5.17 二次虚拟扩展的几何示意

利用正弦定理,由站点 2 处已知的目标距离和目标到达角求得虚拟站点 4 处的目标到达角:

$$\tan\theta_4 = \frac{r_2\sin\theta_2 - D}{r_2\cos\theta_2} \tag{5.93}$$

式中:D 为二次虚拟扩展阵列的间距。

利用正切中值关系解得虚拟站点 5 处的目标到达角:

$$\tan\theta_5 = 2\tan\theta_4 - \tan\theta_2 \tag{5.94}$$

5.6.4.2 虚拟测距

由单基中点测向式可得到在站点 2 和站点 5 之间的虚拟程差：

$$\Delta r_{25} = 2D\sin\theta_4 \tag{5.95}$$

利用等差特性求得公差和双基程差：

$$\Delta a_2 = D\cos\theta_4\tan(0.25\Delta\theta_{25}) \tag{5.96}$$

$$\Delta r_{24} = 0.5\Delta r_{25} + \Delta a_2 = D\sin\theta_4 + D\cos\theta_4\tan(0.25\Delta\theta_{25}) \tag{5.97}$$

$$\Delta r_{45} = 0.5\Delta r_{25} - \Delta a_2 = D\sin\theta_4 - D\cos\theta_4\tan(0.25\Delta\theta_{25}) \tag{5.98}$$

利用双基测距式得到在虚拟站点 4 处的目标距离：

$$r_4 = \frac{2D^2 - \Delta r_{24}^2 - \Delta r_{45}^2}{2(\Delta r_{24} - \Delta r_{45})} = \frac{D}{2}\frac{1 - \tan^2(0.25\Delta\theta_{25})}{\tan(0.25\Delta\theta_{25})}\cos\theta_4 \tag{5.99}$$

利用正弦定理给出在实测站点处目标距离的表达式：

$$r_2^{(2)} = \frac{\cos\theta_4}{\cos\theta_2}r_4 = \frac{D}{2}\frac{\cos^2\theta_4}{\cos\theta_2}\left[\frac{1 - \tan^2(0.25\Delta\theta_{25})}{\tan(0.25\Delta\theta_{25})}\right] \tag{5.100}$$

5.6.4.3 误差分析

设过渡函数

$$p_2 = \left[1 - \tan^2(0.25\Delta\theta_{25})\right]\cos^2\theta_4 \tag{5.101}$$

$$q_2 = \cos\theta_2\tan(0.25\Delta\theta_{25}) \tag{5.102}$$

距离对角度的偏微分为

$$\frac{\partial r_2}{\partial\theta_i} = \frac{D}{2q_2^2}\left[q_2\frac{\partial p_2}{\partial\theta_i} - p_2\frac{\partial q_2}{\partial\theta_i}\right] \tag{5.103}$$

式中

$$\frac{\partial p_2}{\partial\theta_1} = -2\sin\theta_4\cos\theta_4\left[1 - \tan^2(0.25\Delta\theta_{25})\right]\frac{\partial\theta_4}{\partial\theta_1} + 0.5\frac{\cos^2\theta_2\tan(0.25\Delta\theta_{25})}{\cos^2(0.25\Delta\theta_{25})}\frac{\partial\theta_5}{\partial\theta_1}$$

$$\frac{\partial p_2}{\partial\theta_2} = -2\sin\theta_4\cos\theta_4\left[1 - \tan^2(0.25\Delta\theta_{25})\right]\frac{\partial\theta_4}{\partial\theta_2}$$

$$- 0.5\frac{\cos^2\theta_2\tan(0.25\Delta\theta_{25})}{\cos^2(0.25\Delta\theta_{25})}\left(1 - \frac{\partial\theta_5}{\partial\theta_2}\right)\frac{\partial q_2}{\partial\theta_1}$$

$$= -0.25\frac{\cos\theta_2}{\cos^2(0.25\Delta\theta_{25})}\frac{\partial\theta_5}{\partial\theta_1}$$

$$\frac{\partial q_2}{\partial\theta_2} = -\sin\theta_2\tan(0.25\Delta\theta_{25}) + 0.25\frac{\cos\theta_2}{\cos^2(0.25\Delta\theta_{25})}\left(1 - \frac{\partial\theta_5}{\partial\theta_2}\right)$$

根据式(5.93)，设

$$p_4 = r_2\sin\theta_2 - D$$

$$q_4 = r_2\cos\theta_2$$

虚拟站点 4 处到达角对实测站点到达角的偏微分为

$$\frac{\partial\theta_4}{\partial\theta_i} = \frac{\cos^2\theta_4}{q_4^2}\left(q_4\frac{\partial p_4}{\partial\theta_i} - p_4\frac{\partial q_4}{\partial\theta_i}\right) \tag{5.104}$$

式中

$$\frac{\partial p_4}{\partial\theta_1} = \frac{\partial r_2}{\partial\theta_1}\sin\theta_2$$

$$\frac{\partial p_4}{\partial\theta_2} = \frac{\partial r_2}{\partial\theta_2}\sin\theta_2 + r_2\cos\theta_2$$

$$\frac{\partial q_4}{\partial\theta_1} = \frac{\partial r_2}{\partial\theta_1}\cos\theta_2$$

$$\frac{\partial q_4}{\partial\theta_2} = \frac{\partial r_2}{\partial\theta_2}\cos\theta_2 - r_2\sin\theta_2$$

根据式(5.93),可得到虚拟站点 5 处到达角对实测站点到达角的偏微分为

$$\frac{\partial\theta_5}{\partial\theta_1} = 2\frac{\cos^2\theta_5}{\cos^2\theta_4}\frac{\partial\theta_4}{\partial\theta_1} \tag{5.105}$$

$$\frac{\partial\theta_5}{\partial\theta_2} = \cos^2\theta_5\left(\frac{2}{\cos^2\theta_4}\frac{\partial\theta_4}{\partial\theta_1} - \frac{1}{\cos^2\theta_2}\right) \tag{5.106}$$

不考虑基线的测量误差,相对测距误差为

$$\sigma_r = \frac{\sigma_\theta}{r_2}\sum_{i=1}^{2}\left|\frac{\partial r_2}{\partial\theta_i}\right| \tag{5.107}$$

图 5.18 给出了通过二次虚拟拓展基线长度,且采用超长虚拟基线所得到的测距误差特性。

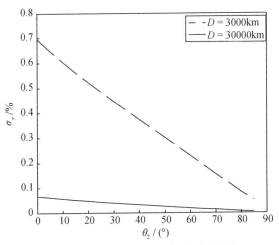

图 5.18　二次虚拟扩展的相对测距误差

模拟计算时所用的参数值:实测站点间基线长度 $d = 200\text{m}$;目标距离 $r = 300\text{km}$;角度测量的均方根误差 $\sigma_\theta = 1° \cdot \dfrac{\pi}{180°}$。

5.6.5　小结

研究表明,基于常规的三角定位算法,利用角度的正切中值关系递推虚拟镜像站点的方法并不能提高测距精度。而相邻程差间的等差特性等同于一个独立的定位条件,故借助单基中点测向法,将实测单基阵列扩展到虚拟双基阵列的方法等同于将不同的定解条件相互融合,其在数学表现形式上就是产生了一个小于 1 的附加因子,由此提高了双站测向交叉定位系统的测距精度。

进一步的分析还揭示,如果借助正切中值关系和等差特性再次虚拟扩展基线,并采用超长的虚拟基线,则能获得极高的测距精度。

尽管本节所研究的方法,特别是 5.6.4 节"二次虚拟扩展"方法的可实现性还有待于验证,但借助独立的定位条件,即相邻程差间的等差特性,通过虚拟扩展基线提高双站测向定位系统测量精度的可能性应是予以期待的。

■ 5.7　短距双站在远距基准点上对目标的观测

5.7.1　概述

多站时差定位体制由于具有较高的定位精度、较高的空间分辨力等优点成为无源系统发展的一个主要方向。但根据现有的误差分析理论,多站时差定位系统站间的基线长度至少必须大于十几千米,为获得较高的定位精度,往往需要几十千米长。由此会产生诸多的问题,如对高重频信号的定位模糊性、多站无法同时捕获目标的窄波束信号等[25-27]。

从构造形式上来说,如果能采用一个站间间距较小的双站无源定位系统,就能较为有效地避免上述问题。但实际上,现有各类基于程差测量的定位方式都具有基线长度与测量精度成正比的特性,一般情况下,为获得好的定位精度就必须采用较长的基线。从纯数学分析的角度所得出的结果是,双站间的基线长度必须比多站时差定位系统的站间距离更长,才能满足既定的定位精度要求,而如此就会产生与现有多站时差定位系统存在的相同问题[28-30]。

本节提出一种建立在远距地图基准点基础之上的短距双站定位方法,新方法在基于时差—方位测量的短距双基站的数百千米之外选定一个地图基准位置,并以地图基准位置作为计算分析远距目标位置的几何坐标起始点。首先由双站间的时差方程和几何关系解得目标相对于双站的测距式,然后利用双站测距式以及双站与远距地图基准点之间的几何关系解得目标相对于地图基准点的径向距离和方位。误差分析表明,只要双站与地图基准点之间的距离足够远,就能在双站距离小于 10km 的情况下,借助于在单基阵列与地图基准之间的长基线,利用现有的时差测量和测向技术使目标与地图基准点之间的测距误差满足小于 5% R 的精度要求。

5.7.2 短距双站的测距解

基于远距地图基准的双站时差—角度无源定位系统的几何关系如图 5.19所示,S_1 和 S_2 构成时差—角度双站定位系统,S_3 是远距基准站点,整个定位系统以此基准站点测量目标位置的距离。

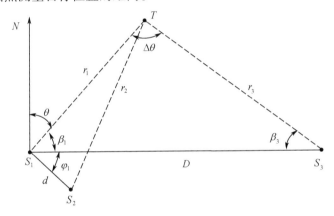

图 5.19 借助地图基准的双站定位

对由 S_1 和 S_2 构成的双站定位系统,有时差方程:

$$\Delta r = r_1 - r_2 = v_c \Delta t \tag{5.108}$$

式中:r_i 为径向距离;v_c 为光速;Δt 为时差。

式(5.108)移项后,得

$$r_2 = r_1 - v_c \Delta t \tag{5.109}$$

又根据双站间的几何关系,由余弦定理可列出辅助方程:

$$r_2^2 = r_1^2 + d^2 - 2r_1 d\cos(\beta_1 + \varphi_1) \tag{5.110}$$

式中:d 为双站间的基线长度;β_1 为目标相对于长基线 D 的方位角;φ_1 为在双站基线 d 和长基线 D 之间的偏转角。

将式(5.109)代入式(5.110),得

$$(r_1 - v_c \Delta t)^2 = r_1^2 + d^2 - 2r_1 d\cos(\beta_1 + \varphi_1) \tag{5.111}$$

由式(5.111)可以得到基于时差和角度测量的径向距离为

$$r_1 = \frac{d^2 - v_c^2 \Delta t^2}{2\left[d\cos(\beta_1 + \varphi_1) - v_c \Delta t\right]} \tag{5.112}$$

5.7.3　基于地图基准的定位公式

由 S_1 和 S_3 之间的几何关系,利用余弦定理可得到辅助方程:

$$r_3^2 = r_1^2 + D^2 - 2r_1 D\cos\beta_1 \tag{5.113}$$

将式(5.112)代入(5.113)后可得目标 T 与虚拟站点 S_3 之间的径向距离为

$$
\begin{aligned}
r_3 &= \sqrt{\left[\frac{d^2 - (v_c\Delta t)^2}{2\left[d\cos(\beta_1 + \varphi_1) - v_c\Delta t\right]}\right]^2 + D^2 - \frac{d^2 - (v_c\Delta t)^2}{\left[d\cos(\beta_1 + \varphi_1) - v_c\Delta t\right]}D\cos\beta_1} \\
&= \sqrt{\left[\frac{d^2 - \Delta r^2}{2\left[d\cos(\beta_1 + \varphi_1) - \Delta r\right]}\right]^2 + D^2 - \frac{d^2 - \Delta r^2}{\left[d\cos(\beta_1 + \varphi_1) - \Delta r\right]}D\cos\beta_1}
\end{aligned}
\tag{5.114}
$$

由正弦定理可解出虚拟站点和双站阵列之间的交会角:

$$\sin\Delta\theta = \frac{D}{r_3}\sin\beta_1 \tag{5.115}$$

由此得到虚拟站点对目标的相对方位:

$$\beta_3 = 180° - \beta_1 - \Delta\theta \tag{5.116}$$

模拟计算验证了式(5.114)和式(5.116)都是正确的。

5.7.4　误差分析

式(5.114)对时差 Δt 的偏微分可改写为

$$\frac{\partial r_3}{\partial \Delta t} = \frac{\partial r_3}{\partial \Delta r}\frac{\partial \Delta r}{\partial \Delta t} \tag{5.117}$$

其中,程差对时差的微分就是光速,即

$$\frac{\partial \Delta r}{\partial \Delta t} = v_c$$

式(5.114)对程差 Δr 的偏微分为

$$
\frac{\partial r_3}{\partial \Delta r} = \frac{1}{2r_3}\left\{
-\frac{(d^2 - \Delta r^2)\Delta r}{\left[d\cos(\beta_1 + \varphi_1) - \Delta r\right]^2} + \frac{1}{2}\frac{(d^2 - \Delta r^2)^2}{(d\cos(\beta_1 + \varphi_1) - \Delta r)^3}
+ \frac{2D\Delta r\cos\beta_1}{d\cos(\beta_1 + \varphi_1) - \Delta r} - \frac{(d^2 - \Delta r^2)D\cos\beta_1}{\left[d\cos(\beta_1 + \varphi_1) - \Delta r\right]^2}
\right\}
\tag{5.118}
$$

测距式(5.114)对角度 φ_1 的偏微分为

$$\frac{\partial r_3}{\partial \varphi_1} = \frac{1}{2r_3} \left\{ \frac{2r_1^2 d \sin(\beta_1 + \varphi_1)}{d \cos(\beta_1 + \varphi_1) - \Delta r} - \frac{2r_1 D d \sin(\beta_1 + \varphi_1) \cos\beta_1}{d \cos(\beta_1 + \varphi_1) - \Delta r} \right\} \quad (5.119)$$

测距式(5.114)对角度 β_1 的偏微分为

$$\frac{\partial r_3}{\partial \beta_1} = \frac{1}{2r_3} \left\{ \frac{2r_1^2 d \sin(\beta_1 + \varphi_1)}{d \cos(\beta_1 + \varphi_1) - \Delta r} - \frac{2r_1 D d \sin(\beta_1 + \varphi_1) \cos\beta_1}{d \cos(\beta_1 + \varphi_1) - \Delta r} + 2r_1 D \sin\beta_1 \right\}$$

$$(5.120)$$

测距式(5.114)对长基线 D 的偏微分为

$$\frac{\partial r_3}{\partial D} = \frac{D - r_1 \cos\beta_1}{r_3} \quad (5.121)$$

根据误差估计理论,对 r_3 的相对测量误差方程为

$$\sigma = \frac{1}{r_3} \left\{ \left| \frac{\partial r_3}{\partial \Delta t} \right| \sigma_t + \left| \frac{\partial r}{\partial \beta} \right| \sigma_\beta + \left| \frac{\partial r}{\partial \varphi} \right| \sigma_\alpha + \left| \frac{\partial r}{\partial D} \right| \sigma_D \right\} \quad (5.122)$$

式中:σ_t、σ_β、σ_φ 和 σ_D 分别是时差、目标方位角、双站基线偏转角和虚拟长基线的均方根误差,且根据现有的工程测量能力,分别取 $\sigma_t = 50\mathrm{ns}$,$\sigma_\beta = 1° \pi/180$,$\sigma_\varphi = 1° \pi/180$,$\sigma_D = 5\mathrm{km}$。

如不加说明,则仿真计算时所用的几何参数 $r_3 = 300\mathrm{km}$,$D = 600\mathrm{km}$,$d = 8\mathrm{km}$,$\varphi_1 = 60°$。

图 5.20 给出了不同 φ 角时径向距离的相对测量误差曲线。由图可看出,在若干目标方位上存有奇异发散性,通过改变双站基线 d 的偏转角 φ_1 能改变满足定位精度要求的区域范围。

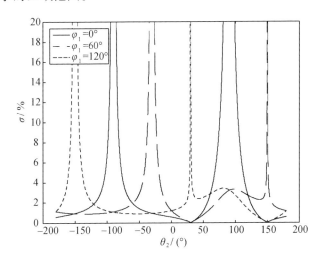

图 5.20 不同 φ 角时径向距离的相对测量误差曲线

图 5.21 和图 5.22 分别说明,增加基线 d 和 D 都有利于提高定位精度,但相对而言,双站基线 d 的贡献更大。

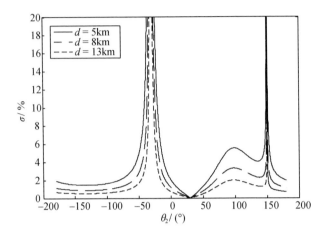

图 5.21　双站间基线长度对相对测量误差的影响

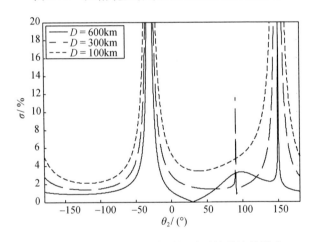

图 5.22　虚拟基线的长度对相对测量误差的影响

5.7.5　小结

建立在远距地图基准基础之上的短距双站定位方法的主要特点在于定位精度是同时由双站间的短距基线和双站到地图基准之间的远距基线决定的,由此可借助于远距基线适当地压缩双站间的基线长度,从而避免长基线双站无源定位系统所存在的时差模糊、探测盲区等缺陷。

事实上,虚拟的远距地图基准点可以是真实的火力打击阵地,在这样的设置下,利用远离火力打击阵地的双站无源定位系统就能直接给出火力打击阵地对被测目标位置的定位结果。同时,也有利于提高在定位测量—火力打击系统中各个子系统的抗摧毁能力。

参考文献

[1] 黄振,陆建华. 天基无源定位与现代小卫星技术[J]. 装备指挥技术学院学报,2003,14
  (3):24 - 29.

[2] MaSon J. Algebraic Two - satellite TOA/FOA position solution on an ellipsoidal earth[J].
  IEEE Trans. on Aerospace and Electronic Systems,2004,40(7):1087 - 1092.

[3] HO K C,CHAN Y T. Geolocation of a Known Altitude Object from TDOA and FDOA Measure-
  ments[J]. IEEE Transactions on Aerospace and Electronic Systems,1997,33(3):770 - 783.

[4] Pattison T, Chou S I. Sensitivity analysis of dual - satellite geolocation [J]. IEEE Trans. on
  Aerospace and Electronic Systems, 2000, 36(1):56 - 71.

[5] 吴世龙,赵永胜,罗景青. 双星时差频差联合定位系统性能分析[J]. 上海航天,2007,2
  (11):47 - 50.

[6] 张勇,盛卫东,郭福成,等. 低轨双星无源定位算法及定位精度分析[J]. 中国惯性技术
  学报, 2007, 15(2):188 - 192.

[7] 郭福成,樊昀. 双星 TDOA/FDOA 无源定位方法分析[J]. 航天电子对抗,2002,22(6):
  20 - 23.

[8] 吴耀云,游屈波,哈章. 双星系统对雷达无源定位的可行性分析[J]. 电子信息对抗技
  术,2011, 26(3):1 - 5.

[9] 刘亚军. 波束时差定位方法[J]. 电子对抗,1996(1).

[10] 徐汉林. 时差无源三站精确定位技术研究[J]. 电子对抗技术,1998,13(1):15 - 23.

[11] 孙仲康,陈辉煌. 定位导航与制导[M]. 北京:国防工业出版社,1987.

[12] 孙仲康,周一宇,何黎星. 单多基地有源无源定位技术[M]. 北京:国防工业出版
  社,1996.

[13] 单月晖,孙仲康,皇甫堪. 运动学原理在基于雷达信号侦察的对海目标无源定位中的应
  用设想[C]. 中国电子学会电子对抗分会第十二届学术年会论文集,2001.

[14] 邓新蒲,周一宇,卢启中. 测角无源定位与跟踪的观测器自适应运动分析[J]. 电子学
  报,2001,29(3):4 - 6.

[15] 王宗全,于基恒. 一种二维无源交叉定位方法[J]. 雷达科学与技术,2004,2(6):
  333 - 336.

[16] 黄剑伟,王昌明. 一种改进的测向交叉定位方法[J]. 航天电子对抗,2008,24(4):51 -
  53,57.

[17] 孔博,修建娟,修建华. 基于 EKF 的双站测向无源定位跟踪方法研究[J]. 舰船电子工
  程,2010,30(10):50 - 53.

[18] 徐敬,孙永侃,王秀坤,等. 基于测向交叉和卡尔曼滤波的多舰无源被动定位算法[J].
  现代雷达, 2001,23(6):35 - 38.

[19] Ristic B, Ar ulampalam M S. Tracking a manoeuvring target using angle only measurements:

algorithms and performance[J]. Signal Processing, 2003, 83(3):1223 – 1238.

[20] 徐济仁,薛磊. 最小二乘方法用于多站测向定位的算法[J]. 电波科学学报,2001, 2001,16(2):227 – 230.

[21] YU Tao. Airborne Passive Location Method Based on Doppler – Phase Difference Measuring [C]. ICET 2013.

[22] 朱永文,娄寿春,韩小斌. 双基地雷达测向交叉定位算法的误差模型[J]. 现代雷达, 2007,28(7):18 – 20.

[23] 刘钰,陈红林. 一种空间测向定位的解析算法和误差仿真分析[J]. 微处理机, 2007 (6):94 – 96.

[24] 刘小明, 李春龙. 对地面测向交叉定位中最大位置误差的仿真与分析[J]. 航空计算 技术,2009,36(6):120 – 123.

[25] 刘月华. 时差定位无源雷达的系统设计[D]. 南京:南京理工大学, 2003.

[26] 江翔. 无源时差定位技术及应用研究[D]. 成都:电子科技大学, 2008.

[27] 敖伟. 无源定位方法及其精度研究[D]. 成都:电子科技大学, 2009.

[28] 李兴民,李国君,李健,等. 双站交叉定位雷达布站方法研究[J]. 雷达科学与技术, 2011,9(5):405 – 408.

[29] 刘军,曾文锋,江恒,等. 双站测向交叉定位精度分析[J]. 火力与指挥控制,2010,35: 12 – 14.

[30] 徐勇. 基于 LS 的双站纯方位无源定位算法[J]. 光学与光电技术,2008,6(2):8,9.

■ 6.1 引 言

本章节给出了若干种适用于机载单站的无源定位方法。基于多普勒变化率的机载无源定位方法能直接给出径向距离的显式解,且具有只需一次测量即可实现定位、不需要获悉目标和侦察站之间的相对速度等优点,但通常需要结合其他的测量方法才能实现定位任务,且多普勒变化率的实际测量比较困难。事实上,基于数学定义,由多普勒频率变化率表示式即可推导出仅与频移相关且需二次频移测量的机载多普勒无源定位计算式。但进一步的模拟计算表明,由此所得到的测距解仅是一个近似结果,且仅适用于较短基线。6.2 节的分析表明,利用混合坐标系在对多普勒频移方程做恰当的变量变换之后,即可得到仅需二次频移测量的机载无源测距严格解。与基于多普勒频率变化率推导出的近似解相比较,严格解适用于任意基线长度,且相对计算误差将随着基线长度的增加而降低。且一个引人注意的特性是,如果两次探测间距接近目标的径向距离,就能以较差的频移测量精度获得很高的定位测量精度。

6.3 节的研究表明,在融入了多普勒测量信息之后,机载单基线相位干涉仪即可实现无相位模糊的高精度测向。其主要方法是通过综合利用速度矢量方程、多普勒频移及变化率关系得到径向距离的整周数解,由此给出两相邻阵元间程差的整周数值,而借助于相位差测量能确定出程差中小于整周数的值。与现有的先确定相差的干涉法相比,这种先确定程差的多普勒—相位差联合测向方法既不存在相位模糊又不需要限定基线长度。且由简单的数学等式变换即可简捷证明所给出的计算式事实上是与现有的相位干涉测量公式等价的。

6.4 节给出了一种直接利用正交阵列检测信号的频差实现测向的方法。

对被测目标辐射信号中心频率的探测也是完整实现机载无源定位测量的一项基本任务,6.5 节和 6.6 节分别给出了两种检测信号波长的方法。就无源定位而言,在现有的多普勒定位方程中包含的被测辐射源信号的波长参数仍是未知的。事实上,如果能精确测定出辐射源发射端的中心频率,就能直接通过测频方式由多普勒频移求解出径向速度,进而求得定位所需的各个参量,于是基于双接收通道的机载频差定位测量方式,以及各种复杂的定位算法将是不需要的。6.5节基于6.4节的研究结果给出了一种利用正交频差测向式,仅通过实时测量目标的辐射频率值而直接测算得到固定目标辐射信号波长的方法。6.6节给出了一种在机载探测站匀速等距移动的条件下,通过综合利用速度矢量方程、多普勒频移及变化率关系,利用测频技术解算辐射信号中心频率的公式。所提出的方法将有助于执行远距侦察任务,但装备简陋的载机提高无源定位系统的测量精确度,并为仅基于测频技术的无源定位奠定了基础。

6.7节在假设载机近似匀速移动的条件下,通过采用一个短基线三单元直线阵列,并综合利用速度矢量方程和多普勒频移及变化率关系,给出了一种仅基于频移测量而与角度参量无关的实时导航测速计算方法。

■ 6.2 机载频移测距的严格解

6.2.1 概述

对基于多普勒频移测量的机载无源定位问题,如直接在单一的笛卡儿坐标系中进行分析,则将涉及对多普勒频移的连续三次测量[1],如能利用辐射源的地面约束方程,对多普勒频移的连续测量的次数可降低到两次[2,3],但求解过程都将涉及对非线性方程的处理,且得不到显式解。

基于多普勒变化率的机载无源定位方法能直接给出径向距离的显式解,且具有只需一次测量即可实现定位、不需要获悉目标和侦察站之间的相对速度等优点,但通常需要与其他的测量方法综合使用才能实现定位任务,且多普勒变化率的实际测量比较困难[4,5]。

事实上,基于数学定义,由多普勒变化率表示式即可推导出仅与频移相关,且仅需二次频移测量的机载多普勒无源定位计算式[6]。但进一步的模拟计算表明,由此所得到的测距解仅是一个近似的结果,且仅适用于较短基线。本节的分析表明,利用混合坐标系在对多普勒频移方程做恰当的变量变换之后,即可以得到仅需二次频移测量的机载无源测距严格解。和基于多普勒变化率推导出的近似解相比较,严格解适用于任意基线长度,且相对计算误差将随着基线长度的增加而降低。一个引人注意的特性是,如果两次探测间距接近目标的径向距离,就能以较差的频移测量精度实现很高的定位测量精度。

6.2.2 基于多普勒变化率的测距式

如图6.1所示,对于固定或低速运动目标 T,在机载单平台上所接收到的多

普勒频移为

$$\lambda f_{d} = -v\cos\beta \tag{6.1}$$

式中:λ 为信号波长;f_d 为多普勒频移;v 为载机飞行速度;β 为前置角,$\beta = 90° - \theta$,θ 为目标到达角。

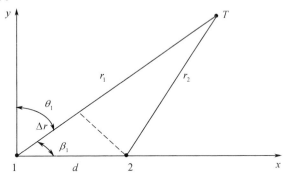

图 6.1　基于频移测量的机载单站无源定位示意

在探测平台沿直线匀速移动距离 d 之后,由等效单基线阵列所产生的多普勒变化率为

$$\dot{f}_{d} = \frac{v_{t1}^{2}}{\lambda \cdot r_{1}} \tag{6.2}$$

式中:v_{t1} 为探测平台的切向速度;r_1 为目标与探测平台之间的径向距离。

从数学定义出发,在 Δt 时间段内,多普勒变化率可由两探测端点间的多普勒频差 Δf_d 的测量值近似表示:

$$\dot{f}_{d} = \frac{\Delta f_{d}}{\Delta t} = \frac{f_{d2} - f_{d1}}{\Delta t} \tag{6.3}$$

综合式(6.2)和式(6.3),并利用速度矢量与其分量间的关系 $v^2 = v_r^2 + v_t^2$ 以及径向速度与多普勒频移间的关系 $v_r = \lambda f_d$,即可得到如下测距公式:

$$r_{1} = \frac{(v^2 - \lambda^2 f_{d1}^2)\Delta t}{\lambda |\Delta f_{d}|} \tag{6.4}$$

6.2.3　基于角度变化率的测距式

通过微分变形的方式,用前置角的正弦变化率来表示多普勒频移:

$$\lambda f_{d1} = -\frac{v}{\omega_{1}}\frac{d\sin\beta_{1}}{dt} \tag{6.5}$$

式中:ω_1 为对应于径向距离 r_1 的角速度。

如果将来自目标的入射信号视为平行波,则根据图 6.1 所示的几何关系,得:

$$\sin\beta_1 \approx \frac{\sqrt{d^2 - \Delta r^2}}{d}$$

从正弦值的几何表示可发现,基于测量的顺序,似乎应该从机载平台第二次测量的位置处着手进行分析;但基于给定的几何条件,仅能对测量始端的频移方程进行分析,否则就得不到前置角的正弦值与几何位置之间的关系。

因为 $\dot{r}_i = v_{ri} = \lambda f_{di}$,故得

$$\lambda f_{d1} = -\frac{v}{\omega_1} \frac{\mathrm{d}\sin\beta_1}{\mathrm{d}t} = -\frac{v}{\omega_1} \frac{\Delta r}{\mathrm{d}} \frac{\lambda \Delta f_d}{\sqrt{d^2 - \Delta r^2}} \tag{6.6}$$

式中:Δf_d 为频差,$\Delta f_d = f_{d2} - f_{d1}$。

利用三角函数和多普勒频移方程,通过整理,式(6.6)可简化为

$$\omega_1 d\sin\beta_1 = \lambda \Delta f_d \tag{6.7}$$

取 $\omega_1 = v_{t1}/r_1$,将其代入式(6.7)后即可得基于多普勒频移的机载测距公式:

$$r_1 = \frac{dv_{t1}\sin\beta_1}{\lambda \Delta f_d} \approx \frac{d\left[v^2 - (\lambda f_{d1})^2\right]}{\lambda v \Delta f_d} \tag{6.8}$$

和基于多普勒变化率推导出的公式相比,基于角度变化率推导出的公式的最大特性是自然而然地确定了时差:

$$\Delta t = \frac{d}{v}$$

即对应于多普勒变化率的时差 Δt 恰好是载机以速度 v 移动距离 d 所花费的时间。

6.2.4 变量变换

根据图6.1所示的几何关系,将多普勒频移方程中的角度参量分解为坐标分量,对应于两次测量的频移值可列出如下方程:

$$v\frac{x}{r_1} = \lambda f_{d1} \tag{6.9}$$

$$v\frac{x-d}{r_2} = \lambda f_{d2} \tag{6.10}$$

如用笛卡儿坐标分量表示径向距离,有

$$r_1 = \sqrt{x^2 + y^2}$$

$$r_2 = \sqrt{(x-d)^2 + y^2} = \sqrt{x^2 - 2xd + d^2 + y^2} = \sqrt{r_1^2 - 2xd + d^2}$$

代入式(6.10),得

$$v(x-d) = \sqrt{r_1^2 - 2xd + d^2}\,\lambda f_{d2} \qquad (6.11)$$

上式两边平方,得

$$v^2(x-d)^2 = (r_1^2 - 2xd + d^2)\lambda^2 f_{d2}^2 \qquad (6.12)$$

用式(6.9)将式(6.12)中的未知变量 x 代换掉,并在方程两边平方,得

$$v^2\left(\frac{\lambda^2}{v^2}r_1^2 f_{d1}^2 - 2d\frac{\lambda}{v}r_1 f_{d1} + d^2\right) = \left(r_1^2 - 2\frac{\lambda}{v}r_1 f_{d1}d + d^2\right)\lambda^2 f_{d2}^2 \qquad (6.13)$$

进一步展开整理后可得一元二次方程为

$$(f_{d1}^2 - f_{d2}^2)r_1^2 + 2d\frac{\lambda}{v}f_{d1}\left[f_{d2}^2 - \left(\frac{v}{\lambda}\right)^2\right]r_1 + \left[\left(\frac{v}{\lambda}\right)^2 - f_{d2}^2\right]d^2 = 0 \qquad (6.14)$$

解出

$$r_1 = d\,\frac{\dfrac{\lambda}{v}f_{d1}\left[\left(\dfrac{v}{\lambda}\right)^2 - f_{d2}^2\right] \pm \sqrt{\left(\dfrac{\lambda}{v}\right)^2 f_{d1}^2\left[\left(\dfrac{v}{\lambda}\right)^2 - f_{d2}^2\right]^2 - (f_{d1}^2 - f_{d2}^2)\left[\left(\dfrac{v}{\lambda}\right)^2 - f_{d2}^2\right]}}{f_{d1}^2 - f_{d2}^2}$$

$$(6.15)$$

式(6.15)具有两个实数根,为后面的描述方便,分别定义:

$$r_{1a} = d\,\frac{\dfrac{\lambda}{v}f_{d1}\left[\left(\dfrac{v}{\lambda}\right)^2 - f_{d2}^2\right] + \sqrt{\left(\dfrac{\lambda}{v}\right)^2 f_{d1}^2\left[\left(\dfrac{v}{\lambda}\right)^2 - f_{d2}^2\right]^2 - (f_{d1}^2 - f_{d2}^2)\left[\left(\dfrac{v}{\lambda}\right)^2 - f_{d2}^2\right]}}{f_{d1}^2 - f_{d2}^2}$$

$$r_{1b} = d\,\frac{\dfrac{\lambda}{v}f_{d1}\left[\left(\dfrac{v}{\lambda}\right)^2 - f_{d2}^2\right] - \sqrt{\left(\dfrac{\lambda}{v}\right)^2 f_{d1}^2\left[\left(\dfrac{v}{\lambda}\right)^2 - f_{d2}^2\right]^2 - (f_{d1}^2 - f_{d2}^2)\left[\left(\dfrac{v}{\lambda}\right)^2 - f_{d2}^2\right]}}{f_{d1}^2 - f_{d2}^2}$$

6.2.5　初步的简化分析

测距解析式的前一项

$$w_1 = \frac{f_{d1}(v^2 - \lambda^2 f_{d2}^2)d}{v\lambda(f_{d1} - f_{d2})(f_{d1} + f_{d2})} \qquad (6.16)$$

对分母中的频移和做 $f_{d1} + f_{d2} \approx 2f_{d1}$ 的近似处理,得

$$w_1 \approx \frac{d(v^2 - \lambda^2 f_{d2}^2)}{2v\lambda(f_{d1} - f_{d2})} \qquad (6.17)$$

对照基于多普勒变化率所得到的测距表示式,且假定式(6.17)为正值的条件下测距解析解的第二项取正号,即有

$$w_2 = \frac{d\sqrt{\left(\dfrac{\lambda}{v}\right)^2 f_{d1}^2\left[f_{d2}^2 - \left(\dfrac{v}{\lambda}\right)^2\right]^2 - (f_{d1}^2 - f_{d2}^2)\left[\left(\dfrac{v}{\lambda}\right)^2 - f_{d2}^2\right]}}{f_{d1}^2 - f_{d2}^2} \qquad (6.18)$$

如果认为分子上的频移的平方差项 $f_{d1}^2 - f_{d2}^2 \approx 0$，则即有

$$w_2 = \frac{d\left(\dfrac{\lambda}{v}\right)\left[\left(\dfrac{v}{\lambda}\right)^2 - f_{d2}^2\right] f_{d1}}{f_{d1}^2 - f_{d2}^2} \qquad (6.19)$$

对分母上的频移和采用同样的近似简化方法，即得到与式(6.17)相同的结果，前、后两项合并后有近似解：

$$r_1 = w_1 + w_2 = \frac{d\left[v^2 - \lambda^2 f_{d2}^2\right]}{v\lambda\left(f_{d1} - f_{d2}\right)} \qquad (6.20)$$

显然，基于频移方程推导出的测距近似解与按变化率推导出的测距计算式的不同之处是，在测算径向距离 r_1 时，分子项上的频移分量不是 f_{d1} 而是 f_{d2}，而已有的模拟计算已证实此近似计算结果更为准确。

6.2.6　相对计算误差

模拟计算表明，在基线较短时，测距严格解是 r_{1a}，并且此解在 $(0,90°)$ 的到达角区域都是唯一正确的，此时，式(6.20)的计算准确性也是很好的。但随着基线的逐渐增加，将出现两个实数根交替变换的现象。此时，需要对根的正确性进行判别。在实际的径向距离未知的情况下，如何判别还有待研究。一旦基线的长度大于或等于径向距离之后，则 r_{1b} 在 $(0,90°)$ 的到达角区域上成为唯一正确的解。图 6.2 以不同基线长度时的相对计算误差显示了严格测距解的两个实数根 r_{1b} 在 $(0,90°)$ 的到达角区域上交替变化的特性。

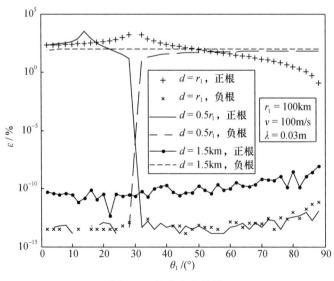

图 6.2　根的交替特性

严格解的另一个特性是,随着基线的增加相对计算误差会进一步降低,这与利用频移变化率所得到的近似解的特性是截然不同的,由图 6.2 所示的曲线可看到这一特性。图 6.3 为较短基线时近似解与严格解的比较。

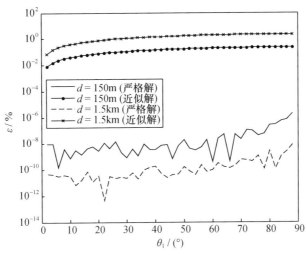

图 6.3　较短基线时近似解与严格解的比较

6.2.7　误差分析

6.2.7.1　基本公式

用全微分方法分析由频移测量误差所产生的测距误差,且忽略基线长度等因数所产生的测量误差,有

$$\mathrm{d}r = \sum_{i=1}^{2} \frac{\partial r}{\partial f_{\mathrm{d}i}} \mathrm{d}f_{\mathrm{d}i} \tag{6.21}$$

为求解清晰,先设过渡函数

$$P_0 = \left(\frac{v}{\lambda}\right)^2 - f_{\mathrm{d}2}^2$$

$$Q = f_{\mathrm{d}1}^2 - f_{\mathrm{d}2}^2$$

$$P_1 = \frac{\lambda}{v} f_{\mathrm{d}1} P_0$$

$$P_2 = \sqrt{\left(\frac{\lambda}{v}\right)^2 f_{\mathrm{d}1}^2 P_0^2 - Q P_0}$$

径向距离对各个频移分量的偏微分为

$$\frac{\partial r_1}{\partial f_{d1}} = \frac{d}{Q^2}\Big[Q\Big(\frac{\partial P_1}{\partial f_{d1}} \pm \frac{\partial P_2}{\partial f_{d1}}\Big) - (P_1 \pm P_2)\frac{\partial Q}{\partial f_{d1}}\Big]$$

$$\frac{\partial r_1}{\partial f_{d2}} = \frac{d}{Q^2}\Big[Q\Big(\frac{\partial P_1}{\partial f_{d2}} \pm \frac{\partial P_2}{\partial f_{d2}}\Big) - (P_1 \pm P_2)\frac{\partial Q}{\partial f_{d2}}\Big]$$

式中

$$\frac{\partial P_1}{\partial f_{d1}} = \frac{\lambda}{v} P_0$$

$$\frac{\partial P_2}{\partial f_{d1}} = \frac{1}{2P_2}\Big[2\Big(\frac{\lambda}{v}\Big) f_{d1} P_0^2 - P_0 \frac{\partial Q}{\partial f_{d1}}\Big]$$

$$\frac{\partial Q}{\partial f_{d1}} = 2f_{d1}$$

$$\frac{\partial P_1}{\partial f_{d2}} = \frac{\lambda}{v} f_{d1} \frac{\partial P_0}{\partial f_{d2}}$$

$$\frac{\partial P_2}{\partial f_{d2}} = \frac{1}{2P_2}\Big[2\Big(\frac{\lambda}{v}\Big)^2 f_{d1}^2 \frac{\partial P_0}{\partial f_{d2}} - \Big(P_0 \frac{\partial Q}{\partial f_{d2}} + Q \frac{\partial P_0}{\partial f_2}\Big)\Big]$$

$$\frac{\partial Q}{\partial f_{d2}} = -2f_{d2}$$

$$\frac{\partial P_0}{\partial f_{d2}} = -2f_{d2}$$

当各观察量的误差都是零均值,相互独立而标准差为 σ_f 时,相对测距误差公式为

$$\left|\frac{\mathrm{d}r}{r}\right| = \frac{\sigma_f}{r_1}\sum_{i=1}^2\left|\frac{\partial r}{\partial f_{di}}\right| \tag{6.22}$$

6.2.7.2 短基线测距误差

严格解的一个特点是,在基线较短的情况下不存在两个实数根的交替变换现象,测距解能由实根 r_{1a} 唯一确定。此时,有

$$\frac{\partial r_1}{\partial f_{d1}} = \frac{d}{Q^2}\Big[Q\Big(\frac{\partial P_1}{\partial f_{d1}} + \frac{\partial P_2}{\partial f_{d1}}\Big) - (P_1 + P_2)\frac{\partial Q}{\partial f_{d1}}\Big]$$

$$\frac{\partial r_1}{\partial f_{d2}} = \frac{d}{Q^2}\Big[Q\Big(\frac{\partial P_1}{\partial f_{d2}} + \frac{\partial P_2}{\partial f_{d2}}\Big) - (P_1 + P_2)\frac{\partial Q}{\partial f_{d2}}\Big]$$

误差分析表明,对于短基线应用,为获得较高的测距精度,对频移的测量精度要求是比较高的($\sigma_f = 50\mathrm{Hz}$)。图 6.4 给出了短基线时的相对测距误差曲线。

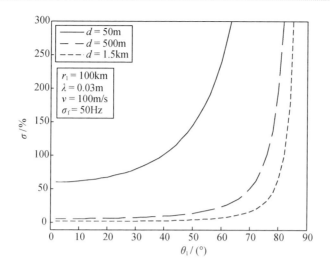

图 6.4　短基线时的相对测距误差曲线

6.2.8　长基线应用

严格解的另一个特点是,在二次探测的间距远大于目标距离的情况下,两个实数根的交替变换的现象将消失,r_{1b} 成为唯一正确解。此时,有

$$\frac{\partial r_1}{\partial f_{d1}} = \frac{d}{Q^2}\Big[Q\Big(\frac{\partial P_1}{\partial f_{d1}} + \frac{\partial P_2}{\partial f_{d1}}\Big) - (P_1 + P_2)\frac{\partial Q}{\partial f_{d1}}\Big]$$

$$\frac{\partial r_1}{\partial f_{d2}} = \frac{d}{Q^2}\Big[Q\Big(\frac{\partial P_1}{\partial f_{d2}} + \frac{\partial P_2}{\partial f_{d2}}\Big) - (P_1 + P_2)\frac{\partial Q}{\partial f_{d2}}\Big]$$

误差分析表明,对于超长基线,即使频移的测量精度较差,也能够获得较高的定位精度。图 6.5 显示了在飞行平台高速移动($v = 1000\text{m/s}$)、频移测量精度较低($\sigma_{\text{f}} = 1000\text{Hz}$)时,超长基线的相对测量误差曲线。与两实根的交替性相对应,当 $d = 0.5r_1$ 时,仅显示了在 $\theta_1 \leqslant 30°$ 范围内的相对测距误差曲线。

图 6.6 为频移测量精度 $\sigma_{\text{f}} = 10^4\text{Hz}$ 时的相对测距误差曲线。模拟计算表明,一旦两次探测间距大于目标的径向距离,则在到达角趋于探测平台的飞行方向时将出现发散现象。并且,如果两次探测间距进一步增加,则相对测距误差将随之逐渐增大,约在 $d > 3r_1$ 之后将不再满足小于 $5\% R$ 的技术要求。

6.2.9　小结

基于多普勒原理推导出的直接测频测距方法在数学形式上极大简化了定位算法,原有的基于频差测量的机载多普勒无源定位算法存在的较为突出的问题是计算量偏大。之所以如此,是因为现有的定位算法必须首先在笛卡儿坐标系

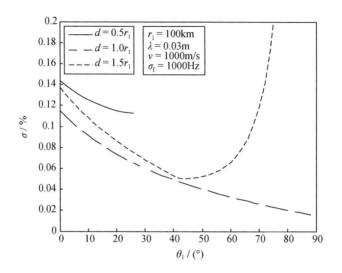

图6.5　长基线的相对测距误差曲线

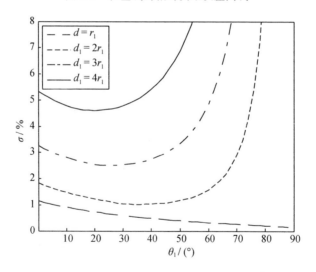

图6.6　$\sigma_f = 10^4$Hz 时的相对测距误差曲线

中建立一个含有三个未知目标坐标分量的非线性方程,然后由三个不同时刻的测量值得到三个不同的定位方程,最后基于泰勒级数展开的最小二乘迭代算法,通过联解非线性方程组得到辐射源的坐标。同时,目前的探测方法还必须由地面测控设备确定出载机的坐标位置。

　　分析表明,如对多普勒频移方程采用恰当的变量变换,则无须利用辐射源的地面约束方程,仅连续两次测量即可解出机载测距严格解。假如在长几米的短基线上,频差的测量精度能得到保证,则本节给出的计算方法也适用于机载单站短基线应用。此时,从理论上来说,仅需一次测量即可近似估测目标的位置信息。

与基于变化率推导出的近似解仅能应用于较短基线的情形不同,就计算准确性而言,严格解对基线长度似乎没有附加的约束要求,但事实上由于存在两实数根的交替变换问题,在目标实际距离未知,且没有给出有效判别法则的情况下,严格解只能在较短或超长基线上使用。事实上,就机载单站无源定位而言,在较长移动距离上进行探测不具有实际意义。但假定未来能够采用某种超高声速的飞行器,并且对定位测量的实时性要求较低,利用超长基线间距就可能以较低的频移测量精度实现很高的定位测量精度。

6.3　机载长基线多普勒—相位差测向法

6.3.1　概述

相位干涉测量是一种具有较高测量精度的测向方法,在有无源探测系统中得到了广泛应用[7-9]。但单基线相位干涉仪存在测向精度和最大不模糊角度之间的矛盾[10,11],为了解决这一矛盾,通常采用多基线体制,其中包括长短基线相结合的方法[12-14]和多基线解模糊算法[15,16]。

一方面,在实际使用中长短基线相结合的方法具有两个局限性[17,18],事实上,对于高频信号,当波长很短时,对应的短基线长度将变得很小,这不仅使天线阵元必须做得非常小,也会对天线布局安装提出很高的要求,会降低天线增益并造成天线间互耦,同时还对干涉仪的测量精度提出更高的要求。而多基线解模糊方法,由于需要进行多维整数搜索,存在计算量比较大的问题[19,20]。另一方面,长基线的相位干涉仪的研制也是较为困难的。

本节的研究表明,在融入多普勒测量信息之后,机载单基线干涉仪即可实现无相位模糊的高精度测向。其主要方法是通过综合利用速度矢量方程、多普勒频移及变化率关系直接得到径向距离的整周数解,由此可给出两相邻阵元径向距离程差的整周数值,借助于相位差测量确定出程差中小于整周数的值。与现有的先确定相差的干涉法相比,这种先确定程差的多普勒—相位差联合测向方法既不存在相位模糊又不需要限定基线长度。且由简单的数学等式变换即可证明本节所给出的计算式与现有的相位干涉测量公式是等价的。

6.3.2　相位干涉基本原理

单基线相位干涉仪原理如图 6.7 所示,其由两个接收信道所组成。假设来自同一辐射源的入射到两天线的信号近似为平面波,则相邻两天线接收信号之

间的相位差为

$$2\pi N_0 + \Delta\phi = \frac{2\pi L}{\lambda}\sin\theta \tag{6.23}$$

式中:N_0 为波长整周数;λ 为波长;L 为两天线间的距离;$\Delta\phi$ 为两个天线收到信号的相位差;θ 为目标信号的入射角。

由式(6.23)可以看出,在鉴相器中取出的相位信息 $\Delta\phi$,再经过角度变化,就可以得到辐射源的方位角 θ。

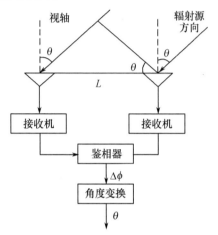

图6.7　单基线相位干涉仪原理

6.3.3　径向距离的整周数解

应用于机载单基线多普勒—相位差测向阵列的几何关系如图6.8所示。假定目标静止或低速运动,则当载机以 v 匀速运动时,两阵元处的多普勒频移变化率分别为

$$\dot{f}_{d1} = \frac{v_{t1}^2}{\lambda r_1} \tag{6.24}$$

$$\dot{f}_{d2} = \frac{v_{t2}^2}{\lambda r_2} \tag{6.25}$$

式中:r_i 为径向距离;v_t 为切向速度。

式(6.24)和式(6.25)相比,可得

$$q = \frac{\dot{f}_{d2}}{\dot{f}_{d1}} = \frac{r_1}{r_2}\frac{v_{t2}^2}{v_{t1}^2} \tag{6.26}$$

由正弦定理可得到此两阵元径向距离之比为

$$\frac{r_2}{r_1} = \frac{\sin\beta_1}{\sin\beta_2} = \frac{v\sin\beta_1}{v\sin\beta_2} = \frac{v_{t1}}{v_{t2}} \tag{6.27}$$

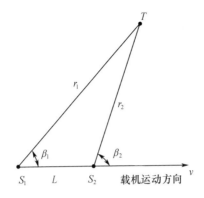

图 6.8　机载单基线多普勒—相位差测向阵列的几何关系

即在载机匀速运动的情况下,两阵元径向距离之比等于切向速度之比。将式(6.27)代入式(6.26),得

$$q = \frac{v_{t2}^3}{v_{t1}^3} \tag{6.28}$$

根据载机上两阵元各自的速度分量,可列出如下的速度恒等式:

$$v^2 = v_{r1}^2 + v_{t1}^2 = v_{r2}^2 + v_{t2}^2 \tag{6.29}$$

式(6.29)变形整理后有,得

$$v_{r1}^2 - v_{r2}^2 = v_{t2}^2 - v_{t1}^2 \tag{6.30}$$

根据 4.4.2 节基本相同的分析方法,在将多普勒频移方程和多普勒变化率及比值代入速度恒等式,并通过不同的提取方法可得

$$\lambda\left(f_{d1}^2 - f_{d2}^2\right) = r_1 \dot{f}_{d1}(u - 1) \tag{6.31}$$

$$\lambda\left(f_{d1}^2 - f_{d2}^2\right) = r_2 \dot{f}_{d2}\left(1 - \frac{1}{u}\right) \tag{6.32}$$

式中:u 为相邻节点多普勒变化率的比值,$u = \sqrt[3]{q^2}$,由多普勒频移的前向差分或后向差分所近似表示。

本节分析方法与 4.4.2 节不同之处在于,由于仅采用了二次测量,故仅有一个速度恒等式,而 4.4.2 节利用了三次测量,可获得两个速度恒等式,从而能对同一径向距离给出两个不同的表达式。

根据波长整周数的定义,由式(6.31)和式(6.32)可分别得到两径向距离的波长整周数:

$$n_1 = \text{int}\left[\frac{r_1}{\lambda}\right] = \text{int}\left[\frac{f_{d1}^2 - f_{d2}^2}{\dot{f}_{d1}(u - 1)}\right] \tag{6.33}$$

$$n_2 = \text{int}\left[\frac{r_2}{\lambda}\right] = \text{int}\left[\frac{\left(f_{d1}^2 - f_{d2}^2\right)u}{\dot{f}_{d2}(u - 1)}\right] \tag{6.34}$$

6.3.4 多普勒—相差测向公式

假设对应于两径向距离,鉴相单元所测得的相位分别是 $\Delta\phi_1$ 和 $\Delta\phi_2$,根据相差定位方程,径向距离为

$$r_1 = \lambda\left(n_1 + \frac{\Delta\phi_1}{2\pi}\right) = \lambda\left(\text{int}\left[\frac{f_{d1}^2 - f_{d2}^2}{\dot{f}_{d1}(u-1)}\right] + \frac{\Delta\phi_1}{2\pi}\right) \tag{6.35}$$

$$r_2 = \lambda\left(n_2 + \frac{\Delta\phi_2}{2\pi}\right) = \lambda\left(\text{int}\left[\frac{(f_{d1}^2 - f_{d2}^2)u}{\dot{f}_{d2}(u-1)}\right] + \frac{\Delta\phi_2}{2\pi}\right) \tag{6.36}$$

对应的程差为

$$\Delta r = \lambda\left(\text{int}\left[\frac{f_{d1}^2 - f_{d2}^2}{\dot{f}_{d1}(u-1)}\right] - \text{int}\left[\frac{(f_{d1}^2 - f_{d2}^2)u}{\dot{f}_{d2}(u-1)}\right] + \frac{\Delta\phi_1 - \Delta\phi_2}{2\pi}\right) \tag{6.37}$$

按单基中点测向解,无模糊多普勒—相差测向解为

$$\sin\theta = \frac{\Delta r}{L} = \frac{\lambda}{L}\left(\text{int}\left[\frac{f_{d1}^2 - f_{d2}^2}{\dot{f}_{d1}(u-1)}\right] - \text{int}\left[\frac{(f_{d1}^2 - f_{d2}^2)u}{\dot{f}_{d2}(u-1)}\right] + \frac{\Delta\phi_1 - \Delta\phi_2}{2\pi}\right) \tag{6.38}$$

6.3.5 小结

从纯理论分析的角度,由于引用的仅是描述匀速运动状态时的多普勒变化率方程,故本节推导出的公式目前仅适用于载机匀速运动状态时的测向探测,但这种局限性有可能通过逐步改进算法而最终被改善。

基于先利用多普勒信息解径向距离整周数的方法,相位测量中将不再存在模糊性,且对基线长度的选择也没有限制条件,于是在测向精度和最大不模糊角度之间的矛盾将不复存在,这意味着仅采用单基线就可获得较高的测向精度。

◾ 6.4 正交频差测向法

6.4.1 概述

已有的机载测向主要方法是比幅测向法[21,22]和相位干涉测向法[23]等,比幅测向系统的测向精度受天线和测向接收机通道的一致性影响较大[24],而相位干涉仪测向需要解模糊[25-27]。

尽管多普勒频差无源定位方法具有不模糊、精度高等优点,但目前基于旋转运动以得到多普勒频移的测向方法似乎不适用于机载应用。事实上,对于一个单基线阵列,如利用方向余弦变换率[28],就能将信号的入射正弦角度表示成与多普勒频差、角速度、波长和基线长度相关的函数。在此结果的基础上,本节的

研究表明,在飞行平面内,只要利用三个天线构造出两基线相互垂直的 L 形阵列,即使三个测量天线单元成直角布设,就能同时得到信号入射方向的正弦角与余弦角,且通过两者的比值消去未知的波长和角速度,得到仅基于多普勒频差测量的目标方位角的解析计算式。

模拟计算表明,公式的相对计算误差和基线长度成正比,且在载机的轴线方向存有奇异发散性。误差分析表明,测量精度与基线长度成正比,且改变两基线长度的比值可有效提高低端的测量精度。基于多普勒频差测量的优点,新的测向方法适用于宽频带工作,并有助于对机载单站多目标问题的研究。由于与波长完全无关,故仅基于多普勒频差的测向方法在理论分析上似乎比相位干涉的方法更适用于无源探测。

6.4.2　基本布阵模型

如图 6.9 所示,三个天线单元在机载水平面内按 L 形布阵,两对基线互成 90°。且在被测目标固定或低速运动的情况下,在各个天线阵元上机载接收机所获得的多普勒频移为

$$\lambda f_{\mathrm{d}i} = v\cos\theta_i \tag{6.39}$$

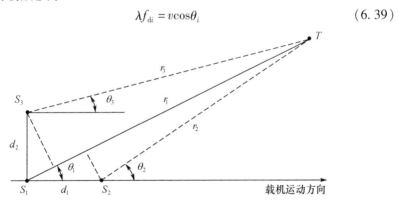

图 6.9　机载 L 形测向阵列

6.4.3　相对方位角

根据方向余弦变化率[28]概念,在近似假定电波信号是平行入射的情况下,有

$$\frac{\partial \cos\theta_1}{\partial t} = \frac{\partial}{\partial t}\left(\frac{\Delta r_1}{d_1}\right) = \frac{\dot{r}_1 - \dot{r}_2}{d_1} = \frac{\lambda}{d_1}(f_{\mathrm{d}1} - f_{\mathrm{d}2}) \tag{6.40}$$

利用与载机轴向并行的两个天线阵元可得到以多普勒频差、角速度、基线长度所表示的相对方位的正弦角函数:

$$\sin\theta_1 = -\frac{1}{\omega_\theta}\frac{\partial \cos\theta_1}{\partial t} = -\frac{1}{\omega_\theta}\frac{\partial}{\partial t}\left(\frac{\Delta r_1}{d_1}\right) = -\frac{\lambda \Delta f_{\mathrm{d}1}}{\omega_\theta d_1} \tag{6.41}$$

式中:ω_θ 为角速度,$\omega_\theta = \dfrac{v\sin\theta_1}{r_1}$;$d_1$ 为基线长度。

利用与载机轴线垂直的两个天线阵元可得到以多普勒频差、角速度和基线长度所表示的相对方位的余弦角函数:

$$\cos\theta_1 = \sin(90° - \theta_1) = -\frac{1}{\omega_\theta}\frac{\partial\cos(90° - \theta_1)}{\partial t}$$

$$= -\frac{1}{\omega_\theta}\frac{\partial}{\partial t}\left(\frac{\Delta r_2}{d_2}\right) = -\frac{\lambda}{\omega_\theta}\frac{\Delta f_{d2}}{d_2} \tag{6.42}$$

由此所得到正切角函数仅与基线长度和多普勒频差相关:

$$\tan\theta_1 = \frac{\sin\theta_1}{\cos\theta_1} = \frac{d_2}{d_1}\frac{\Delta f_{d1}}{\Delta f_{d2}} \tag{6.43}$$

于是可得载机与目标之间的相对方位角:

$$\theta_1 = \arctan\left[\frac{d_2}{d_1}\frac{\Delta f_{d1}}{\Delta f_{d2}}\right] \tag{6.44}$$

此解析形式和幅度比较与干涉测向公式十分类似[29],且与被测信号的波长无关。

6.4.4　模拟验证

采用理论值替代测量值的方法进行了模拟验证。通过预先给定径向距离 r_1、基线长度 d_i 以及波长和速度,并使方位角在规定的区间内连续变化,即可得到其余径向距离和方位角的理论值,由此得到对应于各个径向距离的多普勒频移理论值,然后由式(6.44)计算方位角的测算值,并与理论值比较得到相对误差。

由于误差模拟和分析都与波长和速度无关,所以计算中未明确指出使用的波长和速度值。

图 6.10 和图 6.11 分别给出了不同基线长度和不同径向距离时的相对计算误差曲线。在方位角趋于 0°时,计算公式存有奇异性。显然,目标的距离越远,或基线的长度越短,公式的相对计算误差就越小。计算公式中的这种误差现象是在推导时因假定电波平行入射而产生的。

6.4.5　误差分析

忽略基线定位误差,对各个多普勒频差微分:

$$\frac{\partial\theta_1}{\partial\Delta f_{d1}} = \frac{1}{1 + A^2}\frac{d_2}{d_1\Delta f_{d2}} \tag{6.45}$$

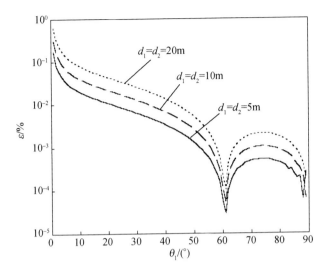

图 6.10　不同基线长度时的相对计算误差曲线（$r_1 = 100\text{km}$）

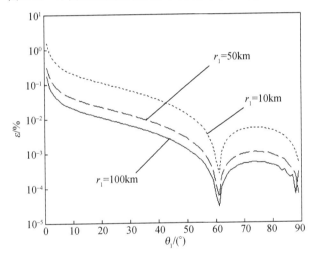

图 6.11　不同径向距离时的相对计算误差曲线（$d_1 = d_2 = 5\text{m}$）

$$\frac{\partial \theta_1}{\partial \Delta f_{d2}} = \left| \frac{1}{1 + A^2} \frac{d_2 \Delta f_{d1}}{d_1 \Delta f_{d2}^2} \right| \quad (6.46)$$

式中

$$A = \frac{d_2}{d_1} \frac{\Delta f_{d1}}{\Delta f_{d2}}$$

根据误差估计和合成理论，由多普勒频差测量所产生的总误差为

$$\sigma = \sigma_f \sqrt{\sum_{i=1}^{n=2} \frac{\partial \theta_i}{\partial \Delta f_{di}}} \quad (6.47)$$

图 6.12 说明误差曲线呈指数型下降,且在接近 90°时精度最好。如频差测量精度能达到 10^{-5}Hz,则在方位角大于 10°之后,测角误差能小于 0.1°。如频差测量精度能达到 10^{-4}Hz,在方位角约大于 10°之后,最大的测角误差约为 1°。如频差测量精度能达到 10^{-3}Hz,在方位角约大于 10°之后,最大的测角误差约为 10°。分析表明,如同时增大两基线的长度,则能有效地减小测量误差。例如,当频差测量精度为 10^{-3}Hz,如基线长度能增大到 15m,则在方位角大于 10°之后,最大的测角误差仅约为 3°。

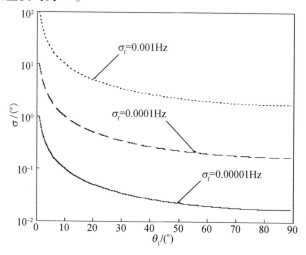

图 6.12　不同均方根测量误差时的测量误差($d_1 = d_2 = 5$m,$r_1 = 100$km)

图 6.13 显示增大基线间的比值,将有效提高 40°以下的方位角的测量精度。

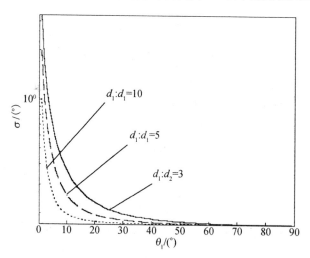

图 6.13　不同基线比时的测量误差($\sigma_f = 0.001$Hz,$r_1 = 100$km)

6.4.6　小结

机载单站多目标无源定位与宽带侦测是现代电子侦察领域的重点和难点课题。基于多普勒频差测量的固有优点,并且由于和信号波长及其基线长度的设置无关,且利用测频信息有利于对多目标的分选识别[30],故正交频差测向方法比相位干涉的方法更适用于宽频带多目标无源探测。

■ 6.5　借助正交测向法测算信号波长的方法

6.5.1　概述

显然,为实现精确的无源定位,必须测算出被测目标辐射信号的中心频率[31-35],一种能够满足数学形式解的基本方法是通过方程的联解消去未知的波长参量[36],但此方法在机载单站测量的情况下需要载机平台进行多次测量。

通过综合利用速度矢量方程、多普勒频移及变化率关系推导出的探测辐射信号中心频率的公式[37,38],尽管能给出相当吻合的测算值,但其分析的前提是假设载机必须做匀速运动。此外,还必须对辐射信号进行多点连续检测。而最大的缺陷是计算公式的分母上有量级较小的频差值导致难以在机载平台上取得高的测量精度。

本节基于 6.4 节的研究结果进一步给出了利用正交频差测向式,仅通过实时测量目标的辐射频率值而直接测算得到固定目标辐射信号波长的方法。模拟计算验证了推导出的波长解析公式的正确性。测量误差分析表明,如果测频误差的均方根值 $\sigma_f = 100\,\text{Hz}$,则在整个方向角的变化范围内波长的测量误差至少小于 1mm。

6.5.2　波长解析式

根据 6.4 节的分析结果,对于正交阵列有基于频差之比的测向公式:

$$\tan\theta_1 = \frac{\sin\theta_1}{\cos\theta_1} = \frac{d_2}{d_1}\frac{\Delta f_{d1}}{\Delta f_{d2}}$$

将上式的目标到达角改为前置角:

$$\tan\beta_1 = \frac{\sin\beta_1}{\cos\beta_1} = \frac{d_2}{d_1}\frac{\Delta f_{d1}}{\Delta f_{d2}} \tag{6.48}$$

设 $f_{d1} = f_{t1} \pm f_0$,其中,f_{t1} 为实测频率值,f_0 为信号的中心频率。将式(6.49)给出的前置角以及实测频率值表示式代入多普勒频移方程 $\lambda f_d = v\cos\beta$,即可得到如下波长解析式:

$$\lambda = \frac{1}{f_{t1}} \left| \frac{v}{\sqrt{1 + \tan^2\theta_1}} \mp v_c \right| = \frac{1}{f_{t1}} \left| \frac{vd_1\Delta f_{d2}}{\sqrt{(d_1\Delta f_{d2})^2 + (d_2\Delta f_{d1})^2}} \mp v_c \right| \quad (6.49)$$

通过模拟计算确定了上式中光速 v_c 前" $\pm$ "号的取法,当前置角在 $[0°,90°]$ 区间内应取正号,在 $[90°,180°]$ 区间内则取负号。

6.5.3 模拟验证

通过预先给定径向距离 r_1、基线长度 d_i 以及波长 λ 和速度 v,并使前置角 β_1 在规定的区间内连续变化,即可由三角函数关系得到其余径向距离和方位角的理论值,随后由多普勒频移方程得到对应于各个径向距离的多普勒频移理论值,然后由式(6.49)计算出波长的测算值,并与理论值比较得到相对计算误差:

$$\varepsilon = \left| \frac{\lambda - \lambda_j}{\lambda} \right| \times 100\% \quad (6.50)$$

式中: λ_j 表示由式(6.49)得到的波长测算值。

为编程简便,此处仅给出了当前置角在 $[0°,90°]$ 区间内变化时的计算误差曲线,计算完全可以扩展到 $[90°,180°]$ 区间内,但在计算方位角的理论值时必须注意符号的跳变。

在不加说明的情况下,模拟测算时所取的基本参数:径向距离 $r_1 = 100\text{km}$;载机速度 $v = 100\text{m/s}$;基线长度 $d_1 = d_2 = 10\text{m}$;波长 $\lambda = 0.25\text{m}$。

图6.14给出了不同基线长度时的相对计算误差曲线,在垂直于纵轴的基线长度 d_2 保持不变的情况下,相对误差和基线长度 d_1 成正比。由图6.15可见,波长的相对计算误差与径向距离成反比。总的来看,相对计算误差都非常小。

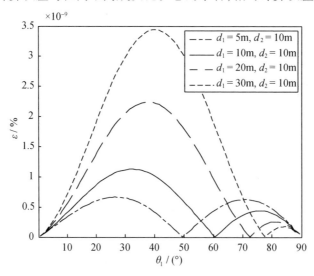

图6.14 不同基线长度时相对计算误差曲线

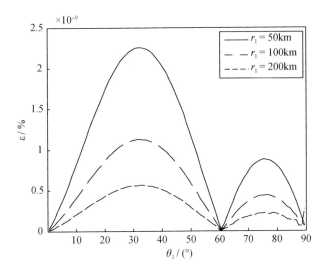

图 6.15　不同径向距离时相对计算误差曲线

6.5.4　测量误差分析

根据误差估计和合成理论,由载机飞行速度、辐射频率及频差测量所产生的总误差为

$$\sigma = \sqrt{\sum_{i=1}^{n=2}\left(\frac{\partial \lambda}{\partial \Delta f_{di}}\sigma_f\right)^2 + \left(\frac{\partial \lambda}{\partial f_{t1}}\sigma_f\right)^2 + \left(\frac{\partial \lambda}{\partial v}\sigma_v\right)^2} \tag{6.51}$$

式中:σ_f、σ_v 分别为测频和测速误差的均方根值,且对频率值和频率差值的测量采用了相同的均方根误差。

忽略基线定位误差,对实测频率、载机飞行速度和各个频差微分:

$$\frac{\partial \lambda}{\partial f_{t1}} = -\frac{1}{f_{t1}^2}\left[\frac{vd_1\Delta f_{d2}}{\sqrt{(d_1\Delta f_{d2})^2 + (d_2\Delta f_{d1})^2}} \mp v_c\right] \tag{6.52}$$

$$\frac{\partial \lambda}{\partial v} = \frac{1}{f_{t1}}\frac{d_1\Delta f_{d2}}{\sqrt{(d_1\Delta f_{d2})^2 + (d_2\Delta f_{d1})^2}} \tag{6.53}$$

$$\frac{\partial \lambda}{\partial \Delta f_{d1}} = -\frac{vd_1 d_2^2 \Delta f_{d1}\Delta f_{d2}}{f_{t1}}\left[(d_1\Delta f_{d2})^2 + (d_2\Delta f_{d1})^2\right]^{-\frac{3}{2}} \tag{6.54}$$

$$\frac{\partial \lambda}{\partial \Delta f_{d2}} = \frac{v}{f_{t1}}\left[\frac{d_1}{\sqrt{(d_1\Delta f_{d2})^2 + (d_2\Delta f_{d1})^2}} - d_1^3\Delta f_{d2}^2\left[(d_1\Delta f_{d2})^2 + (d_2\Delta f_{d1})^2\right]^{-\frac{3}{2}}\right]$$

$$\tag{6.55}$$

　　计算时,取测速均方根误差为 0.1m/s,测频均方根误差 $\sigma_f = 100$Hz,其他的基本参数与 6.5.3 节给出的相同。

　　图 6.16 给出了采用不同测频均方根误差时的波长测量误差曲线,图 6.17 给出了不同径向距离时的波长测量误差曲线,图 6.18 给出了不同基线长度时的波长测量误差曲线。从这些误差曲线中可以看到,若 $\sigma_f \leqslant 100$Hz,则测量误差至少小于 10^{-3}m。

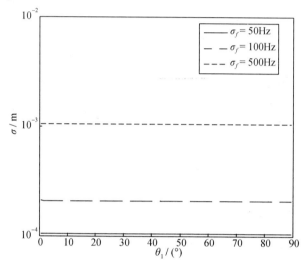

图 6.16　不同测频均方根时的波长测量误差曲线

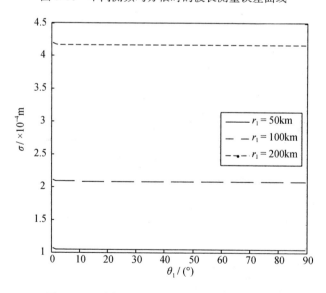

图 6.17　不同径向距离时的波长测量误差曲线

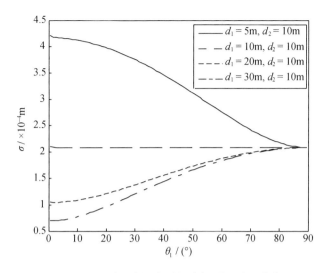

图 6.18　不同基线长度时的波长测量误差曲线

6.5.5　小结

被测目标辐射信号的中心波长可以通过对目标的相对方向和辐射频率的探测而得到,模拟分析表明,中心波长测算公式在整个方向角的变化范围内都是有效的,不存在任何奇异性。同时,由于能够实现实时探测,故测算过程不要求机载探测平台必须保持匀速飞行。本节给出的高精度波长测算方法将有助于提高整个机载无源定位系统的性能,并能为仅基于测频技术的机载直接测距、测速问题的研究提供更有力的技术支持[39-42]。

🔲 6.6　辐射源信号波长的多点测频计算

6.6.1　概述

文献[43]给出了一种不需估算被测辐射源中心频率的机载无源定位方法。其通过增加观测次数,以列出更多的定位方程,从而消去未知的波长参数。这种方法仅需机载站保持匀速直线飞行,并对频谱进行连续的跟踪测量,且在连续获得三个多普勒频差测量值后,即可通过计算公式求得被测目标的距离和相对方位。

本节给出了一种适用于机载单站无源定位系统的信号波长测算方法,在机载探测站匀速等距移动的条件下,通过综合利用速度矢量方程、多普勒频移及变化率关系推导出利用测频技术解算辐射信号中心频率的公式。

6.6.2 波长解析式

如图6.19所示，辐射源位于T，载机沿直线从节点1经节点2到节点3做匀速运动，机载接收机实时测量辐射信号的频率。

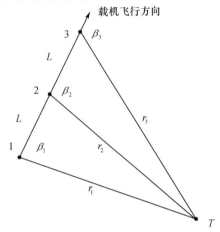

图6.19 机载单站定位示意

设v_r为径向速度，根据速度与分量间的关系$v^2 = v_r^2 + v_t^2$和多普勒频移方程$\lambda f_d = v_r$，由4.4.2节和6.3.3节的分析结果可得

$$\sqrt[3]{q^2}\left[v^2 - (\lambda f_{d1})^2\right] = v^2 - (\lambda f_{d2})^2 \tag{6.56}$$

经整理，得

$$\lambda^2\left(f_{d2}^2 - \sqrt[3]{q^2}f_{d1}^2\right) = \left(1 - \sqrt[3]{q^2}\right)v^2 \tag{6.57}$$

将频率变换式$f_{di} = f_{ti} - f_0$代入式(6.57)，可得到一个关于波长的一元二次方程：

$$a\lambda^2 + b\lambda + c = 0 \tag{6.58}$$

式中

$$a = f_{t2}^2 - \sqrt[3]{q^2}f_{t1}^2$$

$$b = 2\left(\sqrt[3]{q^2}f_{t1} - f_{t2}\right)v_c$$

$$c = \left(v_c^2 - v^2\right)\left(1 - \sqrt[3]{q^2}\right)$$

波长的解析表达式为

$$\lambda = \frac{\left(\sqrt[3]{q^2}f_{t1} - f_{t2}\right)v_c + \sqrt{v_c^2\left(\sqrt[3]{q^2}f_{t1} - f_{t2}\right)^2 - \left(f_{t2}^2 - \sqrt[3]{q^2}f_{t1}^2\right)\left(1 - \sqrt[3]{q^2}\right)\left(v_c^2 - v^2\right)}}{\left(\sqrt[3]{q^2}f_{t1}^2 - f_{t2}^2\right)}$$

$$\tag{6.59}$$

且当 $q \to 1$ 时,有近似估计值 $\lambda = \dfrac{v_c}{f_p}$,其中 $f_p = \dfrac{f_{t1} + f_{t2}}{2}$。

6.6.3　模拟计算

首先设定波长 λ、前置角 β_1、径向距离 r_1、飞行速度 v 和飞行距离 L 的值,且 β_1 可在规定的区域内连续变化,由此就能按图 6.19 所示的几何关系精确计算出所有节点位置处的前置角和径向距离,以及对应于各个前置角 β_i 和径向距离 r_i 时的多普勒频移 f_{di},由此可获得辐射频率 f_t 的理论值。

在此基础上,再根据式(6.59)计算出的波长的测算值,并与理论给定值比较得到计算误差。分析表明,基于测频技术的波长测算方法具有很高的准确度。图 6.20 给出了飞行距离为 5000m 的条件下,不同飞行速度时波长的相对计算误差曲线,其基本特征是速度越低,计算误差越小。图 6.21 给出了飞行速度为 100m/s 的条件下,不同飞行距离时波长的相对计算误差曲线,从图可看到距离长度变化对相对计算误差的影响不大。

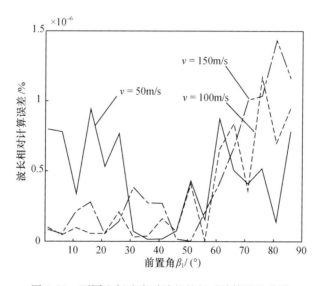

图 6.20　不同飞行速度时波长的相对计算误差曲线

6.6.4　小结

对于远距飞行侦察而言,在得不到地面测量系统直接支持的情况下,为提高单站无源定位系统的测量精度,载机必须具有准确测算或估计被测目标辐射信号中心波长的能力。本节的研究结果将为采用简易装备的远距飞行侦察任务提供技术支持,并为仅基于测频技术的机载单站无源定位奠定基础。

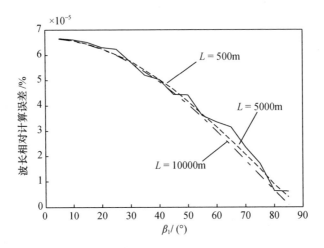

图 6.21　不同飞行距离时波长的相对计算误差曲线

6.7　基于短基线三元直线阵列的多普勒导航测速方法

6.7.1　概述

　　本节所给出的导航测速方法与现有的多波束多普勒导航测速方法[44,45]相比,其显著不同之处是,测速计算仅与频率的差值相关,而与波束的前置夹角或左右张角的大小无关。显然,这是有助于提高测速精度的。根据现有的分析,地面信号回波反射角度变化导致的单次多普勒频移测量误差可达到9%[45]。这也意味着,在天线平台安装时对天线波束与安装平台面间的方向夹角的校测精度要求将大为降低,因此也有助于提高测速精确度。同时对天线辐射波束宽度和天线尺寸的设计要求也变得更为宽松。

6.7.2　速度解析式

　　如图 6.22 所示的天线平台上载有短基线三单元等间距直线阵列,为分析简单,天线阵列的轴线和运载体的轴向重合。天线阵列中一个天线阵元具有收发能力,其余两个阵元仅用于接收。

　　由 4.4.2 节和 6.3.3 节的推导分析方法可得

$$\sqrt[3]{q^2}\left[v^2 - (\lambda f_{d2})^2\right] = v^2 - (\lambda f_{d3})^2 \tag{6.60}$$

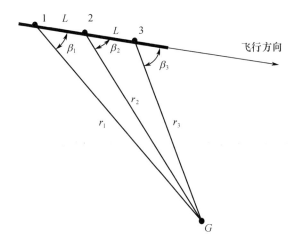

图 6.22　短基线三阵元测速示意

经整理后即可解出运载体的轴向速度：

$$v = \sqrt{\frac{f_{d3}^2 - \sqrt[3]{q^2} f_{d2}^2}{1 - \sqrt[3]{q^2}}} \lambda \tag{6.61}$$

6.7.3　模拟计算

首先设定波长 λ、前置角 β_1、径向距离 r_1、飞行速度 v 和阵元间距 L 的值，且 β_1 可在规定的区域内连续变化，按图 6.23 所示的几何关系精确计算出所有节点位置处的前置角和径向距离，以及对应于各个前置角 β_i 和径向距离 r_i 时的多普勒频移 f_{di}，由此可获得辐射频率 f_{ti} 的理论值。

在此基础上，再根据式（6.61）计算出速度的测算值，并通过与理论给定值比较得到计算误差。

模拟计算所取的基本理论参数值：飞行速度 $v = 100\text{m/s}$，径向距离 $r_1 = 5\text{km}$，波长 $= 0.7\text{m}$；阵元间距 $L = \lambda/2$。

图 6.23 给出了在不同阵元间距时测算速度的相对误差曲线，此时，设定径向距离为 5km。模拟测算表明，在阵元间距为 $\lambda/2$ 时，测速精度较高，但相对误差曲线有小幅抖动现象。间距增大后，曲线变化减缓，且误差有随着前置角增大而增加的趋势。

图 6.24 给出了在不同径向距离时的相对误差曲线，设定阵元间距为 $\lambda/2$。从图中可以估计载体的飞行高度对测算速度误差的影响。模拟计算表明，径向距离小于 10km 时，相对测速误差小于 1%。径向距离大于 10km 后，短基线三元阵列的测速误差将会急剧增大，必须通过增加基线长度才能提高测速精度。

模拟计算也表明，改变波长长度或速度理论值对相对误差计算都没有直接

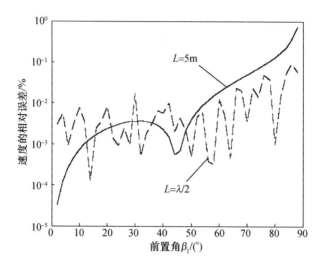

图 6.23　不同阵元间距时测算速度的相对误差曲线

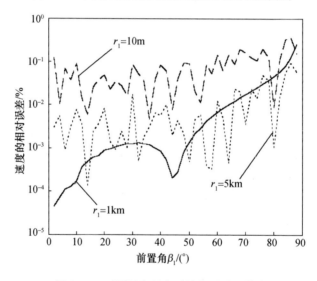

图 6.24　不同径向距离时的相对误差曲线

的影响。

6.7.4　小结

本节是在已知信号频率的条件下求解载机的飞行速度,且测算表明在径向距离不大于 10km 时利用短基线三单元直线阵列可获得较准确的测速结果。

同时分析表明,在前置角接近 90°时测速的计算误差将会有所变大。故为提高测量准确性,单辐射波束应指向载体飞行方向的前后方。

　　因推导时引用的是处于匀速运动条件下的多普勒频移变化率方程,故从理论分析来说,本节推导的方程仅适用于对匀速移动载体的导航测速。但给出的分析思路说明,采用短基线阵列的单波束探测方式在提高测量精度上似乎更具有潜在的优势。

　　事实上,仅从理论分析出发,如能应用多普勒变化率,则采用二元阵列即能实现测速。但多普勒变化率的测量目前还较为复杂,而采用三元阵列的优点是能通过简单的实测辐射频率(差)值实现导航测速。

参考文献

[1] 陆效梅. 单站无源定位技术综述[J]. 舰船电子对抗, 2003, 26(3):20 - 23.

[2] 张正明, 杨绍全. 多普勒频率差定位技术研究[J]. 西安电子科技大学学报, 2000, 27(6):786 - 7812.

[3] 卢鑫, 朱伟强, 郑同良. 多普勒频差无源定位方法研究[J]. 航天电子对抗, 2008, 24(3):40 - 43.

[4] 周亚强, 曹延伟, 程翥, 等. 脉冲群间多频勒频率变化率高精度测量算法[J]. 国防科学技术大学学报, 2005, 27(3):34 - 39.

[5] 牛新亮, 赵国庆, 刘原华, 等. 基于多普勒变化率的机载无源定位研究[J]. 系统仿真学报, 2009, 21(11):3370 - 3373.

[6] 郁涛. 基于角度变化率的机载测距方法[J]. 航空工程进展, 2011, 2(3).

[7] 赵国庆. 雷达对抗原理[M]. 西安:西安电子科技大学出版社, 1999.

[8] Messer H, Singal G. On the achievable DF accuracy of two kinds of active interferometers[J]. IEEE Trans. on Aerospace and Electronic Systems[J], 1996, 32(3):1158 - 1164.

[9] 许耀伟, 孙仲康. 利用相位固定辐射源无源被动定位[J]. 系统工程与电子技术, 1999, 21(3):34 - 37.

[10] 李勇, 赵国伟, 李滔. 一种机载单站相位干涉仪解模糊算法[J]. 传感技术学报, 2006, 19(6):2600 - 2602.

[11] Ernest J. Ambiguity resolution in interferometer[J]. IEEE Trans. AES, 1981, 117(6):766 - 780.

[12] 安效君. 改进的干涉仪测向方法研究[J]. 无线电工程, 2009, 39(3):59 - 61.

[13] 魏星, 万建伟, 皇甫堪. 基于长短基线干涉仪的无源定位系统研究[J]. 现代雷达, 2007, 29(5):22 - 25, 35.

[14] 王志荣. 高精度的来波方位估计[J]. 无线电工程, 2007, 37(11):24 - 25.

[15] 林以猛, 刘渝, 张映南. 宽带信号的数字测向算法研究[J]. 南京航空航天大学学报, 2005, 37(3):335 - 340.

[16] 周亚强, 皇甫堪. 噪扰条件下数字式多基线相位干涉仪解模糊问题[J]. 通信学报, 2005, 26(8):16 - 21.

[17] 龚享铱, 皇甫堪, 袁俊泉. 基于相位干涉仪阵列二次相位差的波达角估计算法研究[J].

电子学报, 2005, 33(3):444 – 446.

[18] Sundaram K R, Ranjan K M. Modulo conversion method for estimation the direction of arrival [J] IEEE Trans. on Aerospace and Electronic Systems[J], 2000, 36(4):1391 – 1396.

[19] 龚享铱, 袁俊泉, 苏令华. 基于相位干涉仪阵列多组解模糊的波达角估计算法研究[J]. 电子与信息学报, 2006, 28(1):55 – 59.

[20] 张刚兵, 刘渝, 刘宗敏. 基线比值法相位解模糊算法[J]. 南京航空航天大学学报, 2008, 40(5):665 – 669.

[21] Filippo Neri Introduction to Electronic Defense Systems:Second Edition[M], 张晓辉, 译. 北京:电子工业出版社, 2014.

[22] 赵国庆. 雷达对抗原理[M]. 西安:西安电子科技大学出版社, 1999.

[23] 乔强. 机载宽带测向系统的实现技术[J]. 无线电工程, 2005, 35(9):30 – 32.

[24] 郁洋. 机载四比幅测向校正算法改进[J]. 电子信息对抗技术, 2007, 22(3):24 – 26, 39.

[25] 李勇, 赵国伟, 李滔. 一种机载单站相位干涉仪解模糊算法[J]. 传感技术学报, 2006, 19(6):2600 – 2602, 2606.

[26] McCormick W S, Tsui J B Y, BakkieV L. A noise insensitive solution to an ambiguity problem in spectral estimation[J]. IEEE Trans on AES, 1989, 25(5):729 – 732.

[27] William S. M. C. Iame B Y T, Vernon L B, A noise insengitive solution to an ambiguity problem in spectral estimation[J] IEEE Trans. on AES, 1989, 25(5):729 – 732.

[28] 赵业福, 李进华. 无线电跟踪测量系统[M]. 北京:国防工业出版社, 2001.

[29] 徐子久, 韩俊英. 无线电测向体制概述[J]. 中国无线电管理, 2002(3):29 – 35.

[30] 廖平, 杨中海, 姜道安. 基于概率的单站多目标无源定位算法[J]. 电讯技术, 2006, 46(1):45 – 49

[31] 郭艳丽, 杨绍全. 差分多普勒无源定位[J]. 电子对抗技术, 2002, 17(6):20 – 23.

[32] 胡来招. 一种快速机载无源定位方法的分析[J]. 电子对抗技术, 2001, 16(1):1 – 5.

[33] 刁鸣, 王越. 基于多普勒频率变化率的无源定位算法研究[J]. 系统工程与电子技术, 2006, 28(5): 696 – 698.

[34] 单月晖, 孙仲康, 皇甫堪. 基于相位差变化率方法的单站无源定位技术[J]. 国防科学技术大学学报, 2001, 23(6):74 – 77.

[35] 周振, 王更辰. 机载单站对机动目标无源定位与跟踪[J]. 电光与控制, 2008, 15(3):60 – 63.

[36] 郁涛. 一种仅基于多普勒频差的机载单站无源定位方法[C]. 2008 年无人机大会论文集, 2008.

[37] 郁涛. 机载站对辐射源中心频率的测频计算法[J]. 飞行器测控学报, 2009(6).

[38] Yu Tao. Detection for centre frequency of mobile signal with fixed two stations[C]. 2010 The 2nd Conference on Future Computer and Communication. (FCC 2010). Shanghai, China, September 28 – 29, 2010.

[39] Yu Tao. Speed measurement and error simulation for three stations linear array with very short

baseline[C]. The 6th International Conference on Wireless Communications, Networking and Mobile Computing.

[40] Yu Tao. An analytic method for Doppler changing rate based on frequency measurement[C]. 2010 International Conference on Communications and Intelligence Information Security. Beijing, China, December 17 – 19.

[41] 郁涛. 航天器运行速度的单站多普勒测算方法[J]. 通信学报,2010.

[42] 郁涛. 一种基于多普勒原理的机载测距方法[J]. 信息与电子工程,2011(1).

[43] 郁涛. 一种仅基于多普勒频差的机载单站无源定位方法[C]. 2008 年无人机大会论文集,2008.

[44] Jia yutao. Radio navigation[M]. Beijing:National Defence Industry Press, 1983.

[45] Huang zhigang. Radio navigation principle and system[M]. Beijing：Beihang University Press, 2007.

第7章

双机协同无源定位

7.1 引 言

本章给出了若干种适用于双机协同定位的无源定位方法。双机编队是空空多机编队的基本作战单元,就多机无源定位系统而言,双机系统结构相对简单,因而是一个重要的研究方向[1]。由双机组成的 DOA 无源定位系统由于设备相对简单、技术相对成熟而具有十分重要的应用。但现有的双机协同定位分析通常要求两载机沿同一直线同向及同速运动[2-4],从而能使双机的间距保持固定值,以利于快速确定目标的位置。但无论是无人机还是有人机,这些要求可能不利于机组人员或地面测控人员操控。

7.2 节在平面极坐标系中推导出双机在不同向及不同速情况下,仅基于角度测量时的目标距离解析计算式。

7.3 节从基本的多普勒频移方程入手研究双机测距问题,与现有的仅在单一坐标系中展开多普勒频移方程进行求解的过程不同,首先将多普勒频移中所含的余弦函数转换为用笛卡儿坐标系中的坐标变量和极坐标系中的斜距混合表示;然后通过两载机间的多普勒频差运算消去与笛卡儿坐标系相关的坐标变量,即可得到包含有径向距离—多普勒频移的关系式;进一步利用路程差关系消去其中的一个未知径向距离之后,即可得到双机多普勒直接测距公式。

在此基础上,7.4 节给出了基于 TDOA – FDOA 无源定位的线性解析方法。现有的关于时差和频差的组合定位算法是在单一的笛卡儿坐标系中进行分析的,由此将涉及高阶非线性方程,且得不到显式解。分析表明,如直接在极坐标系中对时差和多普勒频移方程进行分析求解,且利用时差与多普勒频移间的关系,就能得到与多普勒频移无关的仅基于时差和频差测量的单值解析解。

7.5 节和 7.6 节给出两个应用单基中点测向法实现双机时差协同定位的例子:一是通过将双机时差测量转化为双站测角的方式,得到比平面三机协同时差定位更高的精度;二是借助测高,且通过在垂直面上组阵,只需要一次测量即可获得满意的测距定位结果。

7.7 节通过综合应用测向和测频技术，并采用角度变换等若干技巧性方法给出双机对机动目标的位置和运动参数的实时探测方法。

7.8 节研究并给出两种借助外辐射源的双机协同定位法，其最显著的特点是既不需要知道探测站与辐射源之间的基线长度，也不需要知道双机之间的基线长度。

▌7.2　仅基于角度测量的双机不同向无源测距公式

7.2.1　平面几何解

如图 7.1 所示，在二维平面上有两架高度近似相同，但既不同向又不同速飞行的机载探测站 A 和 B 对同一目标 T 进行测向。并假定双机的测量周期相同，且测量的数据已做了空间对准和时间对准，在任何瞬间，两载机间的距离 D，各个载机到被测目标的到达角 θ 或前置角 β，两机飞行方向之间的夹角 α，以及载机 A 的飞行方向与两载机基线之间的方位偏转夹角 φ 都能实时检测得到。

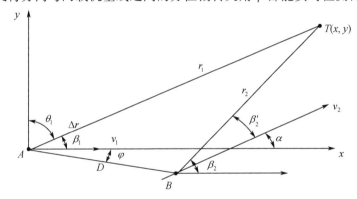

图 7.1　双机定位的几何模型

按图示坐标系，根据几何关系有

$$\cos\beta_1 = \frac{x}{r_1} \tag{7.1}$$

$$\cos\beta_2 = \frac{x - D\cos\varphi}{r_2} \tag{7.2}$$

式中：x 为目标的横坐标；D 为两载机间的瞬时相对距离；φ 为在载机 A 的飞行方向与两载机基线之间的偏转夹角；r_1 为径向距离；β_i 为以载机 A 的飞行方向为基准的前置角。

两式联解消去未知坐标变量 x 之后，有

$$r_2\cos\beta_2 = r_1\cos\beta_1 - D\cos\varphi \tag{7.3}$$

根据图示几何关系,载机 B 和目标间的径向距离为

$$r_2 = \sqrt{r_1^2 + D^2 - 2Dr_1\cos(\beta_1 + w\varphi)} \qquad (7.4)$$

式中:w 为以水平横轴为基准的符号变换因子,且有

$$w = \begin{cases} 1 & ,偏转夹角顺时旋转 \\ \dfrac{\beta_1 - |\varphi|}{|\beta_1 - |\varphi||} & ,偏转夹角逆时针旋转 \end{cases}$$

又根据图示几何关系,以载机 A 的飞行方向为基准的前置角 β_2 可分解成

$$\beta_2 = \beta_2' \pm \alpha \qquad (7.5)$$

式中:α 为两载机飞行方向之间的夹角;β_2' 为两载机不同向飞行时载机 B 以自身飞行方向为基准的前置角。以载机 B 自身飞行方向为基准,当 α 顺时针方向增加时取负号,反之取正号。

将式(7.4)和式(7.5)代入式(7.3),得

$$\sqrt{r_1^2 + D^2 - 2Dr_1\cos(\beta_1 + w\varphi)}\cos(\beta_2' \pm \alpha) \qquad (7.6)$$
$$= r_1\cos\beta_1 - D\cos\varphi$$

两边平方后展开,并合并同类项后,得

$$r_1^2\left[\cos^2(\beta_2' \pm \alpha) - \cos^2\beta_1\right]$$
$$+ 2Dr_1\left[\cos\beta_1\cos\varphi - \cos(\beta_1 + w\varphi)\cos^2(\beta_2' \pm \alpha)\right]$$
$$+ D^2\left[\cos^2(\beta_2' \pm \alpha) - \cos^2\varphi\right]$$
$$= 0 \qquad (7.7)$$

将一元二次方程简记为

$$Ar_1^2 + Br_1 + C = 0 \qquad (7.8)$$

式中

$$A = \left[\cos^2(\beta_2' \pm \alpha) - \cos^2\beta_1\right]$$
$$B = 2D\left[\cos\beta_1\cos\varphi - \cos(\beta_1 + w\varphi)\cos^2(\beta_2' \pm \alpha)\right]$$
$$C = D^2\left[\cos^2(\beta_2' \pm \alpha) - \cos^2\varphi\right]$$

由此求得基于角度测量的双机不同向无源测距解为

$$r_1 = \frac{-B \pm \sqrt{B^2 - 4AC}}{2A} \qquad (7.9)$$

当两载机飞行方向间的夹角 $\alpha \to 0°$ 时,可得到双机趋于同向,但不沿同一直线运动,且两机不同速时的测距式。此时,一元二次方程的系数项为

$$A = \left[\cos^2\beta_2' - \cos^2\beta_1\right]$$
$$B = 2D\left[\cos\beta_1\cos\varphi - \cos(\beta_1 + w\varphi)\cos^2\beta_2'\right]$$
$$C = D^2\left[\cos^2\beta_2' - \cos^2\varphi\right]$$

当载机 A 的飞行方向与两载机基线之间的偏转夹角 $\varphi \to 0°$ 时,β_2' 将退化为

β_2,由此可得沿同一运动直线时的双机无源测距公式为

$$r_1 = \frac{D\sin\beta_2\sin(\beta_1+\beta_2)}{\cos^2\beta_1-\cos^2\beta_2} \tag{7.10}$$

经验证此测距公式是正确的,但表现形式与直接利用正弦定理所推导出的测距公式有所不同。

7.2.2　模拟验证

预设径向距离 r、两机间的相对瞬时距离 D、两机飞行方向之间的夹角 α 以及载机 A 的飞行方向与两载机基线之间的方位偏转夹角 φ,并令到达角 θ_1 在规定的区域内线性变化。由平面几何关系即可解出其余的径向距离和前置角的理论值,随后利用式(7.9)可得到径向距离 r_1 的测算值,将其与预设理论值进行比较可给出既不同向又不同速飞行的双机协同测距式的准确性:

$$\varepsilon = \frac{|r_1 - r_a|}{r_1} \times 100\% \tag{7.11}$$

式中:r_a 为按式(7.9)得到的测算值。

模拟分析表明,改变夹角 α 和 φ 对相对计算误差的影响不大,但基线 D 的大小对计算正确性影响极大,并且一元二次方程的正、负根是交错成为正确解的。图 7.2 显示了正、负的交错性。图 7.3 给出了当偏转夹角顺时针旋转时,对于不同距离 D 的相对计算误差曲线,为图形的清晰,图中仅给出了负根的曲线。从图 7.3 中可看出:在距离 D 较小时,到达角的大部分范围内是负根为正确解,随后负根的正确范围逐渐缩小;当 $D > 1.2r_1$ 后,正根成为唯一的正解。当偏转角逆时针增加时,在修改符号变换因子后,图形曲线的情况与图 7.3 基本相同。

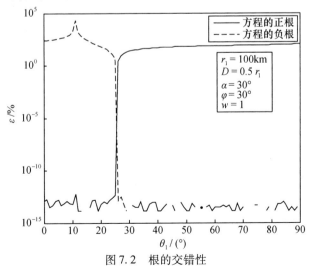

图 7.2　根的交错性

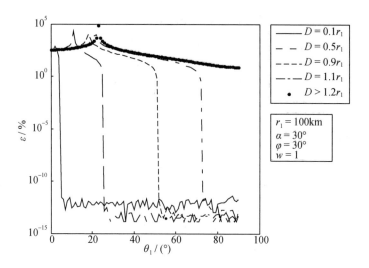

图 7.3　不同 D 时的相对计算误差曲线

7.2.3　误差分析

用全微分法对式(7.9)分析各测量误差综合形成的测距误差：

$$\mathrm{d}r = \frac{\partial r}{\partial \beta_1}\mathrm{d}\beta_1 + \frac{\partial r}{\partial \beta_2'}\mathrm{d}\beta_2' + \frac{\partial r}{\partial \alpha}\mathrm{d}\alpha + \frac{\partial r}{\partial \varphi}\mathrm{d}\varphi + \frac{\partial r}{\partial D}\mathrm{d}D \tag{7.12}$$

当各观测量的误差都是零均值,相互独立,且标准差为 σ_β、σ_α、σ_φ、σ_D 时,则相对测距误差为

$$\sigma_r = \left|\frac{\mathrm{d}r}{r}\right| = \left|\frac{\partial r}{\partial \beta_1}\sigma_\beta\right| + \left|\frac{\partial r}{\partial \beta_2'}\sigma_\beta\right| + \left|\frac{\partial r}{\partial \alpha}\sigma_\alpha\right| + \left|\frac{\partial r}{\partial \varphi}\sigma_\varphi\right| + \left|\frac{\partial r}{\partial D}\sigma_D\right| \tag{7.13}$$

径向距离对前置角 β_1 的偏微分为

$$\frac{\partial r_1}{\partial \beta_1} = \frac{1}{2A^2}\left\{A\left[-\frac{\partial B}{\partial \beta_1} \pm \frac{B\frac{\partial B}{\partial \beta_1} - 2C\frac{\partial A}{\partial \beta_1} - 2A\frac{\partial C}{\partial \beta_1}}{\sqrt{B^2 - 4AC}}\right] - \left[-B \pm \sqrt{B^2 - 4AC}\right]\frac{\partial A}{\partial \beta_1}\right\}$$

$$\tag{7.14}$$

式中

$$\frac{\partial A}{\partial \beta_1} = 2\sin\beta_1\cos\beta_1$$

$$\frac{\partial B}{\partial \beta_1} = 2D\left[-\sin\beta_1\cos\varphi + \sin(\beta_1 + w\varphi)\cos^2(\alpha \pm \beta_2')\right]$$

$$\frac{\partial C}{\partial \beta_1} = 0$$

径向距离对前置角 β_2' 的偏微分为

$$\frac{\partial r_1}{\partial \beta_2'} = \frac{1}{2A^2}\left\{ A\left[-\frac{\partial B}{\partial \beta_2'} \pm \frac{B\dfrac{\partial B}{\partial \beta_2'} - 2C\dfrac{\partial A}{\partial \beta_2'} - 2A\dfrac{\partial C}{\partial \beta_2'}}{\sqrt{B^2 - 4AC}} \right] - \left[-B \pm \sqrt{B^2 - 4AC} \right]\frac{\partial A}{\partial \beta_2'} \right\}$$

$$(7.15)$$

式中

$$\frac{\partial A}{\partial \beta_2'} = -2\cos(\alpha \pm \beta_2')\sin(\alpha \pm \beta_2')$$

$$\frac{\partial B}{\partial \beta_2'} = 3D\sin(\alpha \pm \beta_2')\cos(\alpha \pm \beta_2')\cos(\beta_1 + w\varphi)$$

$$\frac{\partial C}{\partial \beta_2'} = -2D^2\sin(\alpha \pm \beta_2')\cos(\alpha \pm \beta_2')$$

径向距离对两载机飞行方向之间夹角 α 的偏微分为

$$\frac{\partial r_1}{\partial \alpha} = \frac{1}{2A^2}\left\{ A\left[-\frac{\partial B}{\partial \alpha} \pm \frac{B\dfrac{\partial B}{\partial \alpha} - 2C\dfrac{\partial A}{\partial \alpha} - 2A\dfrac{\partial C}{\partial \alpha}}{\sqrt{B^2 - 4AC}} \right] - \left[-B \pm \sqrt{B^2 - 4AC} \right]\frac{\partial A}{\partial \alpha} \right\}$$

$$(7.16)$$

式中

$$\frac{\partial A}{\partial \alpha} = -2\cos(\alpha \pm \beta_2')\sin(\alpha \pm \beta_2')$$

$$\frac{\partial B}{\partial \alpha} = 4D\cos(\beta_1 + w\varphi)\sin(\alpha \pm \beta_2')\cos(\alpha \pm \beta_2')$$

$$\frac{\partial C}{\partial \alpha} = -2D^2\sin(\alpha \pm \beta_2')\cos(\alpha \pm \beta_2')$$

径向距离对偏转角 φ 的偏微分为

$$\frac{\partial r_1}{\partial \varphi} = \frac{1}{2A^2}\left\{ A\left[-\frac{\partial B}{\partial \varphi} \pm \frac{B\dfrac{\partial B}{\partial \varphi} - 2C\dfrac{\partial A}{\partial \varphi} - 2A\dfrac{\partial C}{\partial \varphi}}{\sqrt{B^2 - 4AC}} \right] - \left[-B \pm \sqrt{B^2 - 4AC} \right]\frac{\partial A}{\partial \varphi} \right\}$$

$$(7.17)$$

式中

$$\frac{\partial A}{\partial \varphi} = 0$$

$$\frac{\partial B}{\partial \varphi} = 2D\left[-\cos\beta_1\sin\varphi + w\sin(\beta_1 + w\varphi)\cos^2(\alpha \pm \beta_2') \right]$$

$$\frac{\partial C}{\partial \varphi} = D^2 \sin\varphi\cos\varphi$$

径向距离对两载机之间距离 D 的偏微分为

$$\frac{\partial r_1}{\partial D} = \frac{1}{2A^2}\left\{ A\left[-\frac{\partial B}{\partial D} \pm \frac{B\frac{\partial B}{\partial D} - 2C\frac{\partial A}{\partial D} - 2A\frac{\partial C}{\partial D}}{\sqrt{B^2 - 4AC}} \right] - \left[-B \pm \sqrt{B^2 - 4AC} \right]\frac{\partial A}{\partial D} \right\}$$

(7.18)

式中

$$\frac{\partial A}{\partial D} = 0$$

$$\frac{\partial B}{\partial D} = 2\left[\cos\beta_1\cos\varphi - \cos(\beta_1 + w\varphi)\cos^2(\alpha \pm \beta_2') \right]$$

$$\frac{\partial C}{\partial D} = 2D\left[\cos(\alpha \pm \beta_2') - \cos^2\varphi \right]$$

图 7.4 给出了当方位偏转角顺时针增大时的相对测距误差曲线,为避免正、负根交错所产生的影响,误差分析时取双机间的距离 $D \geqslant 1.2r_1$。从图中可见,当 $0° < \varphi < 30°$ 时,测量误差能在 $0° < \theta_1 < 90°$ 范围内满足小于 $5\%R$ 的要求。

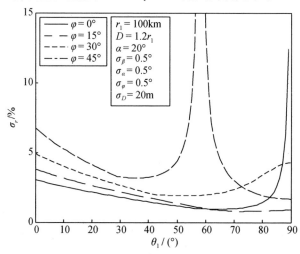

图 7.4 当方位偏转角顺时针增大时的相对测距误差曲线

仿真分析表明:

(1) 随着 D 逐步增大,对应正根的逐渐扩大的正确解范围,测量误差不断减小;并在 $D \approx 1.2r_1$ 处,$0° < \theta_1 < 90°$ 范围内呈现出测量误差的最低均值。

(2) 进一步增大双机间的距离并不能降低测量误差。

(3) 两载机飞行方向之间的夹角对误差没有影响。

（4）当方位偏转角逆时针增大时,相对测量精度都比较差,不满足工程设计指标。

显然,测量误差将随 σ_β、σ_α、σ_φ、σ_D 的增大而增加。

7.2.4　小结

从图 7.4 可见,当 $D \approx 1.2 r_1$ 时,对于 $\varphi = 0°$ 的情况,相对测量误差在 $\theta_1 \approx 60°$ 处出现最小值,此时,辐射源目标同双机的位置近似构成等边三角形,此结果和现有的基于同向直线飞行的误差分析结果是完全相同的。

基于不同向的一般情况推导出的定位算法表明,双机不同向协同定位能在有限范围内改善定位精度,双机不同向的可控制偏转角的范围比较有限,$0° < \varphi < 30°$,才使测量误差能在 $0° < \theta_1 < 90°$ 范围内满足小于 $5\% R$ 的要求。

7.3　同向、同速但不同线的双机多普勒测距解

7.3.1　概述

一般而言,空中精确定位需要多个传感器,即需要多架飞机协同探测定位。显然,利用多架飞机执行某些任务具有能增强系统的耐久度、加强适应性以及加快任务完成的速度等好处。但就协调控制而言,双机定位似乎是最为有利的。目前双机定位的主要方法有到达时差定位法[5]、测向交叉定位法[6]、频差定位法[7]、频差—时差定位法[8]、测向—测距定位法[9] 等。这些方法一般对双机的编队队形具有要求,其中同向、同速和同一直线飞行是最基本的要求。

本节从基本的多普勒频移方程入手研究了同向、同速但不同线飞行的双机协同无源测距问题。与现有的仅在单一坐标系中展开多普勒频移方程进行求解的过程不同,本节首先将多普勒频移中所含的余弦函数转换为用笛卡儿坐标系中的坐标变量和极坐标系中的斜距混合表示;然后通过两载机间的多普勒频差运算消去与笛卡儿坐标系相关的坐标变量,即可得到包含有径向距离—多普勒频移的关系式;进一步利用路程差关系消去其中的一个未知的径向距离之后,可得到双机多普勒直接测距公式。初步的误差分析表明,当基线与径向距离之间的夹角之和接近 $90°$ 时,可得到较高的测量精度。

7.3.2　双机测距式

如图 7.5 所示,载机 A 和 B 相距为 d 同高度沿同方向飞行,设在基线和载机的飞行方向之间方位偏转角为 φ。为分析简便,假设两载机飞行速度相同,且均为匀速飞行。对于固定或低速运动目标 T,在某一时刻,由机载 A 和 B 所检测到

的多普勒频移为：

$$\lambda f_{di} = v\cos\beta_i \tag{7.19}$$

式中：λ 为波长；v 为载机的运动速度；β_i 为前置角。

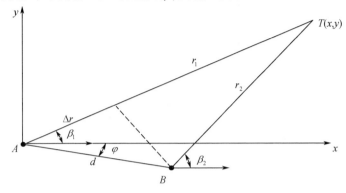

图 7.5　双机定位的几何模型

按图示坐标系，根据几何关系有

$$\cos\beta_1 = \frac{x}{r_1} \tag{7.20}$$

$$\cos\beta_2 = \frac{x - d\cos\varphi}{r_2} \tag{7.21}$$

式中：r_i 为径向距离。

将余弦函数的变换式代入多普勒频移方程，得

$$\lambda r_1 f_{d1} = vx \tag{7.22}$$

$$\lambda r_2 f_{di} = vx - vd\cos\varphi \tag{7.23}$$

式（7.22）和式（7.23）相减可得径向距离—多普勒频移关系式：

$$\lambda r_1 f_{d1} - \lambda r_2 f_{d2} = vd\cos\varphi \tag{7.24}$$

根据程差定义可得

$$\Delta r = r_1 - r_2 \approx d\cos(\beta_1 + \varphi) \tag{7.25}$$

用此关系置换式（7.24）中的径向距离 r_1，得

$$\lambda\left[r_2 + d\cos(\beta_1 + \varphi)\right]f_{d1} - \lambda r_2 f_{d2} = vd\cos\varphi \tag{7.26}$$

整理后，得

$$\lambda r_2(f_{d1} - f_{d2}) = vd\cos\varphi - \lambda f_{d1} d\cos(\beta_1 + \varphi) \tag{7.27}$$

式（7.21）中 λf_{d1} 用径向速度 $v\cos\beta_1$ 取代，并将余弦函数展开，得

$$\lambda r_2(f_{d1} - f_{d2}) = vd\cos\varphi\sin^2\beta_1 + vd\sin\beta_1\cos\beta_1\sin\varphi \tag{7.28}$$

由此得到径向距离为

$$r_2 = \frac{d}{\lambda(f_{d1} - f_{d2})}(v\cos\varphi\sin^2\beta_1 + v\sin\beta_1\cos\beta_1\sin\varphi) \tag{7.29}$$

式(7.29)右端上下同乘速度 v 后,可转化为

$$r_2 = \frac{d}{\lambda v(f_{d1} - f_{d2})}(v_{t1}^2 \cos\varphi + v_{r1}\sin\varphi)$$

$$= \frac{d}{\lambda v(f_{d1} - f_{d2})}\left[(v^2 - \lambda^2 f_{d1}^2)\cos\varphi + \lambda f_{d1}\sqrt{v^2 - \lambda^2 f_{d1}^2}\sin\varphi\right] \quad (7.30)$$

7.3.3　误差分析

根据实际测量情况,设定测距公式中主要的产生测量误差的观察变量为 φ、$\Delta f_d = f_{d1} - f_{d2}$ 和 f_{d1}。用全微分方法分析这些测量误差综合形成的测距误差,即

$$dr = \frac{\partial r_2}{\partial \varphi}d\varphi + \frac{\partial r_2}{\partial \Delta f_d}d\Delta f_d + \frac{\partial r_2}{\partial f_{d1}}df_{d1} \quad (7.31)$$

设　　　　　$u = (v^2 - \lambda^2 f_{d1}^2)\cos\varphi + \lambda f_{d1}\sqrt{v^2 - \lambda^2 f_{d1}^2}\sin\varphi$

则有

$$\frac{\partial r_2}{\partial \varphi} = \frac{d}{\lambda v(f_{d1} - f_{d2})}\left[(v^2 - \lambda^2 f_{d1}^2)(-\sin\varphi) + \lambda f_{d1}\sqrt{v^2 - \lambda^2 f_{d1}^2}\cos\varphi\right]$$

$$= \frac{r_2}{u}\left[-(v^2 - \lambda^2 f_{d1}^2)\sin\varphi + \lambda f_{d1}\sqrt{v^2 - \lambda^2 f_{d1}^2}\cos\varphi\right] \quad (7.32)$$

$$\frac{\partial r_2}{\partial \Delta f_d} = -\frac{d}{\lambda v(f_{d1} - f_{d2})^2}\left[(v^2 - \lambda^2 f_{d1}^2)\cos\varphi + \lambda f_{d1}\sqrt{v^2 - \lambda^2 f_{d1}^2}\sin\varphi\right]$$

$$= \frac{r_2}{\Delta f_d} \quad (7.33)$$

$$\frac{\partial r_2}{\partial \Delta f_d} = -\frac{d}{\lambda v(f_{d1} - f_{d2})^2}\left\{ (f_{d1} - f_{d2})\left[(-2\lambda^2 f_{d1})\cos\varphi + \lambda\sqrt{v^2 - \lambda^2 f_{d1}^2}\sin\varphi \right.\right.$$

$$\left.\left. - \frac{\lambda^3 f_{d1}^2 \sin\varphi}{\sqrt{v^2 - \lambda^2 f_{d1}^2}}\right] + \left[(v^2 - \lambda^2 f_{d1}^2)\cos\varphi + \lambda f_{d1}\sqrt{v^2 - \lambda^2 f_{d1}^2}\sin\varphi\right]\right\}$$

$$= \frac{r_2}{\Delta f_d u}\left\{ (f_{d1} - f_{d2})\left[(-2\lambda^2 f_{d1})\cos\varphi + \lambda\sqrt{v^2 - \lambda^2 f_{d1}^2}\sin\varphi - \frac{\lambda^3 f_{d1}^2 \sin\varphi}{\sqrt{v^2 - \lambda^2 f_{d1}^2}}\right] \right.$$

$$\left. + \left[(v^2 - \lambda^2 f_{d1}^2)\cos\varphi + \lambda f_{d1}\sqrt{v^2 - \lambda^2 f_{d1}^2}\sin\varphi\right]\right\} \quad (7.34)$$

当各观察量的误差都是零均值,相互独立而标准差为 σ_φ、$\sigma_{\Delta f}$ 和 σ_f 时,相对测距误差公式为

$$\left|\frac{dr_2}{r_2}\right| = \frac{1}{r_2}\left(\left|\frac{\partial r_2}{\partial \varphi}\sigma_\varphi\right| + \left|\frac{\partial r_2}{\partial \Delta f_d}\sigma_{\Delta f}\right| + \left|\frac{\partial r_2}{\partial f_{d1}}\sigma_f\right|\right) \quad (7.35)$$

仿真计算结果表明,如在基线与载机 A 的径向距离 r_1 之间的夹角之和接近于 90°时,双机系统将能给出较高的测距精度。因此,探测飞行方向正前方的目

标,两机应采用并行飞行的方式;探测飞行方向侧面的目标,两机应采用纵向直线飞行的方式。相比之下,侧视探测具有更高的测量精度。

图7.6给出了不同径向距离,两载机间的基线相对于飞行方向的方位偏转度 $\varphi = 45°$、载机 A 的前置角 $\beta_1 = 45°$ 时的相对测距误差曲线。

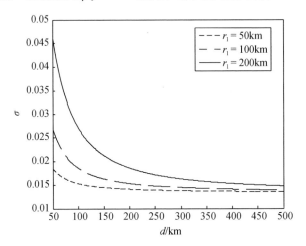

图 7.6　不同径向距离时的相对测距误差曲线

图7.7给出了侧视和前视探测时的误差比较。模拟计算表明,在逐渐趋近于前视状态时,测量过程将并不完全遵循基线与载机 A 径向距离 r_1 之间的夹角之和为90°的规则。计算时为取得较好结果,已对前视探测时的计算角度进行了修正,其具体数据是前置角 $\beta_1 = 11°$,偏转角 $\varphi = 87°$。侧视状态时没有对角度进行修正,直接取 $\beta_1 = 90°$,$\varphi = 0°$。

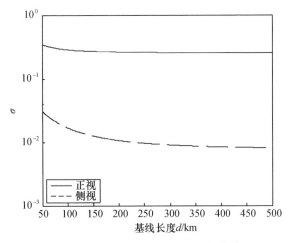

图 7.7　两种探测方法的误差比较曲线

如果无特别说明,则计算时所取的基本参数:载机飞行速度 $v = 200\text{m/s}$;信号波长 $\lambda = 0.015\text{m}$;径向距离 $r_1 = 200\text{km}$。且各均方根测量误差: $\sigma_\varphi = 1°$, $\sigma_{\Delta f} = 50\text{Hz}$, $\sigma_f = 50\text{Hz}$。

7.3.4 小结

当式(7.30)中的夹角 φ 趋于 $90°$ 时,可得双机同向并行飞行的测距计算公式:

$$r_2 = \frac{f_{d1}\sqrt{v^2 - \lambda^2 f_{d1}^2}}{v(f_{d1} - f_{d2})}d \tag{7.36}$$

当式(7.30)中的夹角 φ 趋于 $0°$ 时,可得双机沿同一直线纵向飞行时的测距计算公式:

$$r_2 = \frac{(v^2 - \lambda^2 f_{d1}^2)}{\lambda v(f_{d1} - f_{d2})}d$$

这事实上与第 6 章单机测频定距中推导给出的公式形式是完全一致的。

在实际工程上,尽管基于频率测量技术的测量精度还有待于进一步提高,但由于设备简单,故仅基于测频的机载定位方法是一种具有潜在发展能力的方法。

7.4 TDOA – FDOA 的线性解析方法

7.4.1 概述

利用双平台测量目标的 TDOA – FDOA 信息,理论上进行单次测量即可实现对目标的二维定位,现有的关于时差和频差的组合定位算法是在单一的笛卡儿坐标系中进行分析的,由此将涉及高阶非线性方程,且得不到显式解[10-12],并且在求解中还会出现多值即模糊的现象,因此是无法实现单次实时定位的[13]。本节的分析表明,如直接在极坐标系中对时差和多普勒频移方程进行分析求解,且利用时差与多普勒频移间的关系,就能得到与多普勒频移无关的仅基于时差和频差测量的单值无模糊解析解。

7.4.2 频移的时差检测

如图 7.8 所示,设载机 A 和 B 同向同速沿 x 轴直线移动,且限定双机之间距离的量级,则根据几何关系近似有时差测向公式:

$$\sin\theta = \frac{v_c\Delta t}{d} \tag{7.37}$$

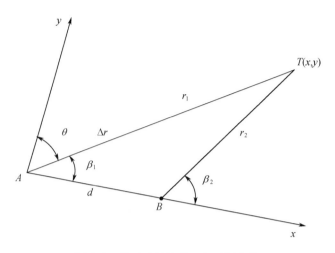

图 7.8　基于时频差的双机无源定位

由此可得到基于角度测量的近似时差检测公式:

$$\Delta t \approx \frac{d}{v_c}\sin\theta \qquad (7.38)$$

式中: Δt 为时差; θ 为目标的到达角; v_c 为光速; d 为短基线的长度。

进一步设目标为固定或低速运动,通过利用多普勒频移

$$\lambda f_d = v\sin\theta \qquad (7.39)$$

即可得到时差与频移间的关系:

$$f_d = \frac{v v_c \Delta t}{\lambda d} \qquad (7.40)$$

式中: λ 为信号波长; f_d 为多普勒频移; v 为探测平台的飞行速度。

7.4.3　与频移无关的测距式

将式(7.40)代入

$$r_1 = \frac{d\left[v^2 - (\lambda f_{d1})^2\right]}{\lambda v \Delta f_d}$$

或

$$r_1 = \frac{d\left[v^2 - \lambda^2 f_{d2}^2\right]}{v\lambda \Delta f_d}$$

可得与多普勒频移无关仅基于时差和频差测量的无源测距式:

$$r_2 = \frac{v\left[d^2 - (v_c \Delta t)^2\right]}{\lambda d |\Delta f_d|} \qquad (7.41)$$

7.4.4　误差分析

用全微分方法分析由频移、时差、速度以及平台运动距离的测量误差所产生

的相对测距误差,当各观察量的误差都是零均值,相互独立而标准差分别为 $\sigma_{\Delta f}$、$\sigma_{\Delta t}$、σ_v 和 σ_d 时,相对测距误差公式为

$$\frac{\mathrm{d}r}{r} = \frac{1}{r}\left(\left|\frac{\partial r}{\partial \Delta f}\right|\sigma_{\Delta f} + \left|\frac{\partial r}{\partial \Delta t}\right|\sigma_{\Delta t} + \left|\frac{\partial r}{\partial v}\right|\sigma_v + \left|\frac{\partial r}{\partial d}\right|\sigma_d\right) \tag{7.42}$$

式中:$\sigma_{\Delta f}$、$\sigma_{\Delta t}$、σ_v 和 σ_d 分别为频差、时差、速度和基线距离的测量误差均方根值。

径向距离对各个变量的偏微分为

$$\frac{\partial r_2}{\partial \Delta f} = -\frac{v\left[d^2 - (v_c \Delta t)^2\right]}{\lambda d|\Delta f_d|^2} \tag{7.43}$$

$$\frac{\partial r_2}{\partial \Delta t} = -\frac{2vv_c^2\Delta t}{\lambda d|\Delta f_d|} \tag{7.44}$$

$$\frac{\partial r_2}{\partial v} = \frac{\left[d^2 - (v_c \Delta t)^2\right]}{\lambda d|\Delta f_d|} \tag{7.45}$$

$$\frac{\partial r_2}{\partial d} = \frac{v}{\lambda|\Delta f_d|d^2}\left[d^2 + (v_c \Delta t)^2\right] \tag{7.46}$$

图 7.9 给出了不同测频均方根值时的相对测距误差曲线。模拟计算表明,频差测量误差是相对测距误差的主要因素,且仅在频差测量误差小于 100Hz 时,才能满足小于 5% R 的技术要求。

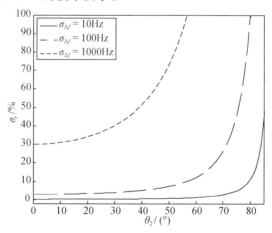

图 7.9　不同测频均方根值时的相对测距误差曲线

模拟计算式所用的各个变量的测量误差的均方根误差为:$\sigma_{\Delta t} = 100$ns,$\sigma_v = 0.1$m/s,$\sigma_d = 20$m,其余的参量有 $r_1 = 300$km,$v = 100$m/s,$d = 3$km,$\lambda = 0.03$m。

图 7.10 计算结果说明,增大两探测平台之间的距离能降低测距误差,计算所用的频差测量误差均方根误差为 1000Hz。

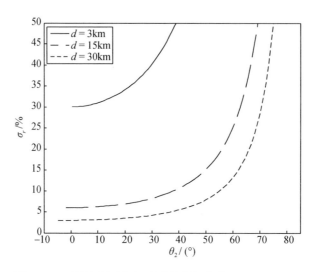

图 7.10 不同站距时的相对测距误差曲线($\sigma_{\Delta f} = 1000\,\text{Hz}$)

7.4.5 拓展证明——多站时差定位解

如果频差也用时差表示,则有仅基于时差测量的三机协同无源测距解:

$$r_{i+1} = \frac{d^2 - (v_c \Delta t_i)^2}{v_c \mid \Delta t_{i+1} - \Delta t_i \mid} \tag{7.47}$$

为区分两个频移,式中时差采用了下标 i。注意到,式(7.47)已不再包含波长参数,更为主要的是测距解已与探测平台的移动速度无关,因此,式(7.4)也可用于陆基等场合的多站时差定位系统。

可以证明,式(7.47)仅是第 1 章所描述的一维双基直线阵的线性解的简化形式,即

$$r_{i+1} = \frac{2d^2 - \Delta r_i^2 - \Delta r_{i+1}^2}{2(\Delta r_i - \Delta r_{i+1})}$$

令上式分子项中的 $\Delta r_i^2 \approx \Delta r_{i+1}^2$,即得

$$r_{i+1} = \frac{d^2 - \Delta r_i^2}{\Delta r_i - \Delta r_{i+1}} = \frac{d^2 - (v_c \Delta t_i)^2}{v_c (\Delta t_{i+1} - \Delta t_i)} \tag{7.48}$$

据此,利用频移和时差之间的关系,可由一维双基直线阵的线性解直接推导出仅基于频移/差测量的测距解。

7.4.6 小结

本节的分析表明,如果对多普勒频移方程采用变量变换,恰当地消除笛卡儿坐标系的变量,就能在极坐标系中直接获得目标距离的解析解。且误差分析表

明,只要频差测量的误差能控制在 100Hz 之内,在基线长度较短的情况就能满足 5% R 的技术要求。如频差测量精度较低,则可通过加大两探测平台之间的距离来提升对目标的测距精度。

进一步的拓展分析证明了在基于频移/差和基于时差的两种定位体制之间的可转化性。

7.5 一种借助时差和角度变换的双机时差定位法

7.5.1 概述

机载测向无源定位系统由于设备相对简单、技术相对成熟而具有十分重要的应用,并且采用测向方式的移动平台通过分段测向即可对静止目标实现定位探测,但基于角度测量的定位技术需要复杂的测角设备和较高精度的载机姿态数据[14-19]。相对而言,基于时差测量方式,每个载机平台上仅需一个接收通道,系统简单,无须平台姿态数据;并且对于脉冲辐射源,通过测量脉冲到达时间即可获得高精度时差,由此即可实现较高的定位精度。

但时差测量方式与辐射信号的基准时间相关,如果采用一个移动平台沿着移动方向分段进行时差测量,则将会出现辐射时间不匹配的情况。因此,单个移动平台是难以直接实现时差定位的。但由双机组成的时差测量系统可以通过一次测量完整地确定一个时差方程,并且至少是对于静止目标,双机时差测量系统可以通过分段测量获得多个时差方程,由此即可解得目标的位置。如果直接按现有的多站时差定位方式求解,则基于时差测量的双机探测定位方法通常涉及高阶非线性方程,如借助卡尔曼滤波方式来获取初始值,不仅计算量大,而且方程解的稳定性很差[20-22]。

本节通过利用适用于长基线的单基中点时差测向方法将时差测量转化为角度测量,由此基于三角定位原理得到一个形式简单且准确的解析公式。

7.5.2 定位算法的推证

7.5.2.1 飞行模型

如图 7.11 所示,假定双机协同工作距离为 $2d$,沿直线同向、同速飞行,且在移动距离为 s 的两个位置处分别测量源自静止目标的辐射信号,可分别得到在两移动位置处两机之间的路程差:

$$\Delta r_k = v_c \Delta t_k = r_{k1} - r_{k2} \tag{7.49}$$

$$\Delta r_{k+1} = v_c \Delta t_{k+1} = r_{(k+1)1} - r_{(k+1)2} \tag{7.50}$$

式中：v_c 为光速；Δt 为时差；r_k 为径向距离。

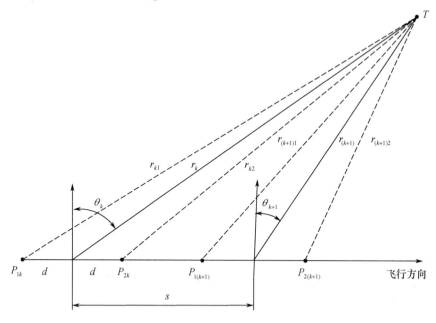

图 7.11　双机时差定位示意

7.5.2.2　基本解

按单基中点测向法可分别得到在不同位置处，以两机间距离中点为测量基准的目标到达角：

$$\sin\theta_k = \frac{\Delta r_k}{2d} = \frac{v_c\Delta t_k}{2d} \tag{7.51}$$

$$\sin\theta_{k+1} = \frac{\Delta r_{k+1}}{2d} \tag{7.52}$$

进一步按正弦定理所给出的等式：

$$\frac{r_{k+1}}{\cos\theta_k} = \frac{s}{\sin(\theta_k - \theta_{k+1})} \tag{7.53}$$

由三角定位法可得到目标的距离：

$$r_{k+1} = \frac{s\cos\theta_k}{\sin(\theta_k - \theta_{k+1})} \tag{7.54}$$

其中，移动距离 s 是由飞行时间和飞行速度决定的：

$$s = v_p\Delta t_p \tag{7.55}$$

式中：v_p 为飞行速度；Δt_p 为飞行时间。

将两到达角差的正弦函数 $\sin(\theta_k - \theta_{k+1})$ 展开：

$$\sin(\theta_k - \theta_{k+1}) = \sin\theta_k \cos\theta_{k+1} - \cos\theta_k \sin\theta_{k+1}$$

并运用三角函数关系 $\cos\theta = \sqrt{1 - \sin^2\theta}$，可将三角测距式化为

$$r_{k+1} = \frac{s\sqrt{1 - \sin^2\theta_k}}{\sin\theta_k \sqrt{1 - \sin^2\theta_{k+1}} - \sin\theta_{k+1}\sqrt{1 - \sin^2\theta_k}} \tag{7.56}$$

将式(7.51)式(7.52)代入式(7.56)，得双机间中点测距式：

$$r_{k+1} = \frac{s\sqrt{1 - \left(\dfrac{\Delta r_k}{2d}\right)^2}}{\left(\dfrac{\Delta r_k}{2d}\right)\sqrt{1 - \left(\dfrac{\Delta r_{k+1}}{2d}\right)^2} - \left(\dfrac{\Delta r_{k+1}}{2d}\right)\sqrt{1 - \left(\dfrac{\Delta r_k}{2d}\right)^2}}$$

$$= \frac{2ds\sqrt{1 - \left(\dfrac{\Delta r_k}{2d}\right)^2}}{\Delta r_k \sqrt{1 - \left(\dfrac{\Delta r_{k+1}}{2d}\right)^2} - \Delta r_{k+1}\sqrt{1 - \left(\dfrac{\Delta r_k}{2d}\right)^2}} \tag{7.57}$$

7.5.2.3　端点测距解

利用余弦定理可得在飞行方向最前端的载机平台与目标之间的径向距离：

$$\begin{aligned}
r_{(k+1)2} &= \sqrt{r_{k+1}^2 + d^2 - 2dr_{k+1}\cos(90° - \theta_{k+1})} \\
&= \sqrt{r_{k+1}^2 + d^2 - 2dr_{k+1}\sin\theta_{k+1}} \\
&= \sqrt{r_{k+1}^2 + d^2 - r_{k+1}\Delta r_{k+1}}
\end{aligned} \tag{7.58}$$

利用正弦定理可得在飞行方向最前端的载机平台处目标的到达角：

$$\cos\theta_{(k+1)2} = \frac{r_{k+1}}{r_{(k+1)2}}\cos\theta_{k+1} \tag{7.59}$$

模拟计算证明基于时差测量所得到的三角测距和测角公式都是正确的。

7.5.3　定位误差

7.5.3.1　过渡函数

为便于后续在端点处对目标距离和到达角的误差分析，先对第二位置处的目标距离进行误差分析，设过渡函数

$$p = \sqrt{1 - \left(\frac{\Delta r_k}{2d}\right)^2} \tag{7.60}$$

$$q = \Delta r_k \sqrt{1 - \left(\frac{\Delta r_{k+1}}{2d}\right)^2} - \Delta r_{k+1}\sqrt{1 - \left(\frac{\Delta r_k}{2d}\right)^2} \qquad (7.61)$$

即有

$$r_{k+1} = 2ds\frac{p}{q}$$

7.5.3.2 基线中点的测距误差

1）由飞行移动时差测量产生的测距误差

目标距离对飞行时差 Δt_p 的微分为

$$\frac{\partial r_{k+1}}{\partial \Delta t_p} = \frac{v_p \cos\theta_k}{\sin(\theta_k - \theta_{k+1})} \qquad (7.62)$$

2）由信号时差产生的测距误差

因为

$$\frac{\partial \Delta r}{\partial \Delta t} = v_c$$

所以目标距离对辐射信号时差的微分可转为对路程差的微分，即

$$\frac{\partial r_{k+1}}{\partial \Delta t_k} = \frac{\partial r_{k+1}}{\partial \Delta r_k}\frac{\partial \Delta r_k}{\partial \Delta t_k} = v_c \frac{\partial r_{k+1}}{\partial \Delta r_k} = \frac{2dsv_c}{q^2}\left(q\frac{\partial p}{\partial \Delta r_k} - p\frac{\partial q}{\partial \Delta r_k}\right) \qquad (7.63)$$

$$\frac{\partial r_{k+1}}{\partial \Delta t_{k+1}} = \frac{\partial r_{k+1}}{\partial \Delta r_{k+1}}\frac{\partial \Delta r_{k+1}}{\partial \Delta t_{k+1}} = v_c \frac{\partial r_{k+1}}{\partial \Delta r_{k+1}} = \frac{2dsv_c}{q^2}\left(q\frac{\partial p}{\partial \Delta r_{k+1}} - p\frac{\partial q}{\partial \Delta r_{k+1}}\right) \quad (7.64)$$

式中

$$\frac{\partial p}{\partial \Delta r_k} = -\frac{\Delta r_k}{4d^2\cos\theta_k}$$

$$\frac{\partial q}{\partial \Delta r_k} = \cos\theta_{k+1} + \frac{\Delta r_k \Delta r_{k+1}}{4d^2\cos\theta_k}$$

$$\frac{\partial p}{\partial \Delta r_{k+1}} = 0$$

$$\frac{\partial q}{\partial \Delta r_k} = -\cos\theta_k - \frac{\Delta r_k \Delta r_{k+1}}{4d^2\cos\theta_{k+1}}$$

7.5.3.3 载机端的测距误差

利用双机基线中点的测距误差可得到载机端的测距误差。在飞行方向最前端载机处的目标距离对飞行时差 Δt_p 的微分为

$$\frac{\partial r_{(k+1)2}}{\partial \Delta t_{\mathrm{p}}} = \frac{1}{r_{(k+1)2}}(r_{k+1} - 0.5\Delta r_{k+1})\frac{\partial r_{(k+1)}}{\partial \Delta t_{\mathrm{p}}} \tag{7.65}$$

在载机端的目标距离对辐射信号时差的微分分别为

$$\frac{\partial r_{(k+1)2}}{\partial \Delta t_k} = \frac{r_{k+1}}{r_{(k+1)2}}\left(1 - \frac{\Delta r_{k+1}}{2r_{k+1}}\right)\frac{\partial r_{(k+1)}}{\partial \Delta t_k} \tag{7.66}$$

$$\frac{\partial r_{(k+1)2}}{\partial \Delta t_{k+1}} = \frac{r_{k+1}}{r_{(k+1)2}}\left(\frac{\partial r_{(k+1)}}{\partial \Delta t_{k+1}} - \frac{\Delta r_{k+1}}{2r_{k+1}}\frac{\partial r_{(k+1)}}{\partial \Delta t_{k+1}} - 0.5v_{\mathrm{c}}\right) \tag{7.67}$$

7.5.3.4　总的相对测距误差

根据误差分析理论,由时差测量所产生的相对测距误差为

$$\sigma_{\mathrm{r}} = \frac{\sigma_{\Delta t}}{r_{(k+1)2}}\left(\left|\frac{\partial r_{(k+1)2}}{\partial \Delta t_{\mathrm{p}}}\right| + \left|\frac{\partial r_{(k+1)2}}{\partial \Delta t_k}\right| + \left|\frac{\partial r_{(k+1)2}}{\partial \Delta t_{k+1}}\right|\right) \tag{7.68}$$

式中:$\sigma_{\Delta t}$为时差测量的均方根误差,且取 $\sigma_{\Delta t} = 100\mathrm{ns}$。

图 7.2 给出了在 $s = 30\mathrm{km}$,且不同机间协同工作距离时的相对测距误差,注意到在到达角小于 5°时会出现大于 5% R 的误差突变现象。模拟计算表明,在整个区间上,增加机间协同工作距离能有效提高相对测距精度,并能减小到达角小于 5°时的误差突变值,使其最大值小于 5% R。

模拟计算时所取的基本几何参数为目标距离 $r_k = 300\mathrm{km}$。

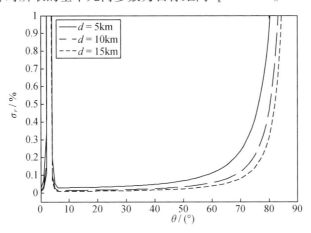

图 7.12　$s = 30\mathrm{km}$,不同机间距离时的相对测距误差

图 7.13 给出了当 $d = 10\mathrm{km}$,且不同移动距离时的相对测距误差。模拟计算表明,如移动距离小于两载机间的协同工作距离,则误差将变大。为此,载机的移动距离必须大于两载机间的协同工作距离。但增加移动距离并不能提高相对测距精度,这是因为基于三角定位所得到的测距误差与移动距离成正比,移动距离越大,误差就越大。

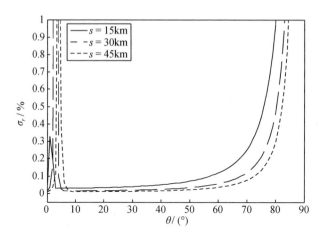

图 7.13　$d = 10\text{km}$, 不同移动距离时的相对测距误差

7.5.3.5　测向误差

根据式 (7.59), 到达角对信号时差 Δt_k 的微分为

$$\frac{\partial \theta_{(k+1)2}}{\partial \Delta t_k} = -\frac{\cos\theta_{(k+1)}}{r_{(k+1)2}^2 \sin\theta_{(k+1)2}} \left(r_{(k+1)2} \frac{\partial r_{(k+1)}}{\partial \Delta t_k} - r_{k+1} \frac{\partial r_{(k+1)2}}{\partial \Delta t_k} \right) \qquad (7.69)$$

到达角对信号时差 Δt_{k+1} 的微分为

$$\frac{\partial \theta_{(k+1)2}}{\partial \Delta t_{k+1}} = -\frac{1}{r_{(k+1)2}^2 \sin\theta_{(k+1)2}} \left[r_{(k+1)2} \left(\cos\theta_{k+1} \frac{\partial r_{(k+1)}}{\partial \Delta t_{k+1}} \right. \right.$$
$$\left. \left. - r_{k+1}\sin\theta_{(k+1)} \frac{\partial \theta_{(k+1)}}{\partial \Delta t_{k+1}} \right) - r_{k+1}\cos\theta_{k+1} \frac{\partial r_{(k+1)2}}{\partial \Delta t_{k+1}} \right] \qquad (7.70)$$

式中

$$\frac{\partial \theta_{(k+1)}}{\partial \Delta t_{k+1}} = \frac{v_c}{2d\cos\theta_{k+1}}$$

根据误差分析理论, 由时差测量所产生的测向误差为

$$\sigma_\theta = \sigma_{\Delta t} \sqrt{\left(\frac{\partial \theta_{(k+1)2}}{\partial \Delta t_k} \right)^2 + \left(\frac{\partial \theta_{(k+1)2}}{\partial \Delta t_{k+1}} \right)^2} \qquad (7.71)$$

图 7.14 给出了在 $s = 30\text{km}$, 不同机间协同工作距离时的测向误差。由图可见, 与相对测距误差存在的情况相同, 测向误差在到达角小于 5° 的范围内会出现 5° ~ 10° 的误差突变现象。与预期的一致, 利用长基线时差测向可以得到较高的测向精度。

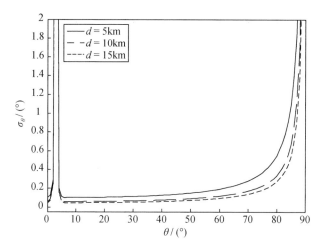

图 7.14　$s = 30\mathrm{km}$，不同机间协同工作距离时的测向误差

7.5.4　小结

如果同时利用时差方程和平面几何关系，则沿直线分段测时差问题也能从二次方程中得到解析解。与现有的短基线测向法不同，单基中点测向法能够在长基线上实现时差和角度之间的简单而又准确的变换，且由此得到的双机时差定位方法的最大优点是能直接获得线性解析解，不足之处是仅能对静止目标进行探测。如果仅从理论上探讨，则采取四机协同的方式可实现对目标的实时探测。

仅从纯理论计算的角度，借助单基中点测向方式，基于三角定位原理推导出的双机时差定位方法，仅需两次时差测量即可确定目标的位置。尽管存在两载机沿直线定向持续飞行约束，但这与探测平台数量大于或等于 3 的多机时差定位系统相比，测控过程更为简单。

除去到达角小于 5° 时所出现的大于 5% R 的误差突变范围，与现有的平面三机时差和仅基于测向的双机交叉定位法相比，双机时差定位系统具有更高的定位精度，双机之间的距离为 5km 时，在较大的方位角范围内相对测距误差可小于 0.1% R，并且此时所取的时差测量的均方根误差 $\sigma_{\Delta t} = 100\mathrm{ns}$，即在误差设计上系统还存在较大的裕量。

7.6　一种借助高度的双机时差定位法

7.6.1　概述

多机协同探测已成为现代空战对抗的一个重要发展方向，由于空战双方飞机处于高速运动和强机动状态,飞行轨迹不确定,因此要求定位系统构成简单、先验知识需求量少、算法快速收敛。虽然已有的单机测向定位系统构成最简单,但只能对基本不机动的目标进行定位,且定位时间长、定位精度差。尽管多机协同具有定位精度高、时间短等优点,但由于需要采用特种侦察设备,不仅成本高,而且对多架飞机的运动速度和编队队形均有严格要求,因此事实上难以用于空战对抗。

相比而言,双机协同无源定位系统既具有结构相对简单又具有探测精度高的优点,但基于现有的技术,双机协同通常采用两种不同的测量方式才能实现实时探测[23-25],例如,采用 TDOA – FDOA 的定位系统[26,27],其与多机时差定位系统相比设备量少,与测向定位系统相比定位精度高,但含有频率测量的定位方法一般仅适用于窄带辐射信号。

测定一个平面几何位置至少需要两个已知独立的几何参量,并能构造出两个独立的几何方程。显然,仅利用一个测向数据不可能实时获得目标距离。本节的分析表明,如果利用载机的测高数据,则基于垂直阵列的时差测向即可实现对目标的实时测距,且更为值得关注的是利用此种方式能获得较高的测距精度。

7.6.2　借助高度的时差测距

双机垂直组阵的对地目标定位模型如图 7.15 所示,如果通过测高仪获得载机的高度,则直接由正弦关系可得到:

$$R = \frac{H}{\sin\theta} \tag{7.72}$$

式中:H 为载机的高度。

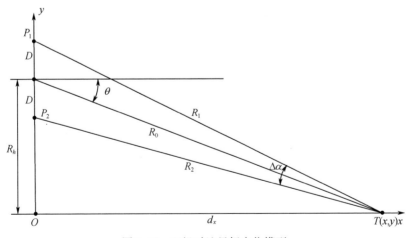

图 7.15　双机对地目标定位模型

将单基中点时差测向式 $\sin\theta = \dfrac{v_c\Delta t}{2D}$ 代入式（7.72），得到基于高度和时差测量的双机中点测距公式：

$$R = \frac{H}{\sin\theta} = \frac{2DH}{v_c\Delta t} \tag{7.73}$$

7.6.3　端点测距精度

在获得双机间基线中点的目标距离之后，利用余弦定理即可求得基线端点处的目标距离：

$$R_1^2 = D^2 + R^2 + 2DR\sin\theta \tag{7.74}$$

$$R_2^2 = D^2 + R^2 - 2DR\sin\theta \tag{7.75}$$

将测距式（7.72）和式（7.73）代入式（7.74）和式（7.75），得

$$R_1^2 = D^2 + \left(\frac{2DH}{v_c\Delta t}\right)^2 + 2DH \tag{7.76}$$

$$R_2^2 = D^2 + \left(\frac{2DH}{v_c\Delta t}\right)^2 - 2DH \tag{7.77}$$

由测高产生的端点测距误差分量为

$$\frac{\partial R_1}{\partial H} = \frac{H}{R_1}\left(\frac{2D}{v_c\Delta t}\right)^2 + \frac{D}{R_1} \tag{7.78}$$

$$\frac{\partial R_2}{\partial H} = \frac{H}{R_2}\left(\frac{2D}{v_c\Delta t}\right)^2 - \frac{D}{R_2} \tag{7.79}$$

由时差测量产生的端点测距误差分量为

$$\frac{\partial R_1}{\partial \Delta t} = \frac{v_c}{\Delta R R_1}\left(\frac{2DH}{\Delta R}\right)^2 \tag{7.80}$$

$$\frac{\partial R_2}{\partial \Delta t} = -\frac{v_c}{\Delta R R_2}\left(\frac{2DH}{\Delta R}\right)^2 \tag{7.81}$$

由测时和测高所产生的相对端点测距误差分别为

$$\sigma_{r1} = \frac{1}{R_1}\left(\left|\frac{\partial R_1}{\partial H}\right|\sigma_h + \left|\frac{\partial R_1}{\partial \Delta t}\right|\sigma_t\right) \tag{7.82}$$

$$\sigma_{r2} = \frac{1}{R_2}\left(\left|\frac{\partial R_2}{\partial H}\right|\sigma_h + \left|\frac{\partial R_2}{\partial \Delta t}\right|\sigma_t\right) \tag{7.83}$$

模拟计算表明，在阵列高点处的端点测距误差稍小一些。图 7.16 给出了不同高度时基线高端处的相对测距误差曲线，显然，它与基线中点处的相对测距误差的量级基本相同。

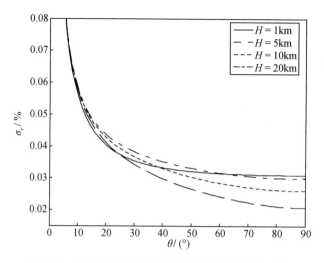

图 7.16 不同高度时基线高端处的相对测距误差曲线

7.6.4 小结

研究结果说明,联合采用时差和高度测量方法,且只需要一次测量即可获得满意的测距定位结果。本节的研究结果为用于机载平台的,尤其是装备用于小型无人机的无源定位系统的设计提供了较简单的设计思路。

7.7 机动目标速度的双机测量

7.7.1 概述

机动目标跟踪作为目标跟踪的一个重要分支,在空中交通管制、空中和地面侦察监视、寻的制导、精确武器发射等军用和民用领域内有着广泛的应用。随着尖端军事技术的发展,现代机动目标已经具有比传统目标更高的速度和更强的机动性,这就对探测系统的性能提出了更苛刻的要求。为能有效地跟踪或打击机动目标,就必须实时地精确测量机动目标的当前点参数(位置、速度、加速度)[28]。

事实上,简单的多站协同定位并不能实时得到目标的速度和加速度[29]。例如,基于多站组网的有源雷达探测系统对机动目标的典型跟踪方式是需要各个雷达站给数据处理中心提供每个接收机所测得的准确径向距离,然后通过滤波迭代算法估算出目标的准确位置和速度[30-33]。另据现有的研究结果,一般情况下,无源阵列对机动目标跟踪效果较差,必须采用合适的算法才能得到较理想的跟踪效果。

　　依据现有的方法,对机动目标跟踪的难点还在于很难建立精确的机动目标运动模型,跟踪算法不仅使得整个系统能够精确跟踪目标,还需要具有很好的瞬态和稳态特性,要求既能迅速收敛又能稳定保持跟踪精度[34-40]。

　　现有的采用测距、测向和时差技术的机载多基地雷达一般仅能直接实时探测静止或低速目标的距离和相对方位[41-45],本节的研究说明,综合应用测向和测频技术不仅可以实时探测机动目标的速度矢量,而且能得到目标的瞬时移动方向和加速度。实现解析分析的主要途径还在于基于方向测量技术所引入的角度变换。

　　基于角度和频率信息的定位方法似乎早已被提及[46],但事实上,在现有的多普勒频差定位方法中存在两个问题:一是采用笛卡儿坐标系中的坐标变量分解表示极坐标系下前置角,并用投影的方式分解速度矢量。由于多普勒频率差是目标位置和目标运动状态的函数,故在 n 维平面上产生 $2n$ 个未知数,为解算出目标的坐标位置和运动状态,就单站定位跟踪而言,必须根据相邻的 n 个测量周期内所得到的多普勒频率差的测量值建立起 $2n$ 个非线性方程,求解过程相对比较复杂,且得不到解析结果。二是对于无源定位,多普勒频移方程中包含的波长仍是一个未知数,这样一来不仅加重了求解的复杂性,且最终结果仍然仅是估计的。

　　本节通过对机载多基地雷达基本原理的分析说明,综合应用测向和测频技术,以解析的方式实现对机动目标的位置和运动参数的实时探测。使整个结果包括动目标的位置、速度和加速度矢量都能直接以解析方式予以表达,其原因除多普勒频移同时是位置和运动状态的函数特性之外,还应归结于基于测向技术的角度变换等若干技巧性方法。首先,通过采用恰当的角度变换,将目标前置角改为由测站的方位探测角和未知的目标瞬时运动的方向角表示,并利用相邻站间的多普勒频移之比消去未知的目标速度,从而解出目标瞬时运动的方向角;然后,通过角度逆变换得到目标前置角之后,利用频移方程即可解出目标的速度矢量。对二维平面上机载多基地雷达的初步应用分析表明,多普勒—方位角组合定位系统对目标速度矢量的探测并不直接依赖于位置参数的测量。模拟分析表明,尽管瞬时方位角存在区域模糊性,但除基线轴线方向之外,速度矢量的解析式在整个平面上是唯一不变的和正确的。

7.7.2　现有的方法

　　现有机载双基地定位如图 7.17 所示。相对而言,关于机载双基地雷达定位问题的分析较少[47],也比较困难。通常采用 T/R – R 应用方式,系统一般需要时间同步,发射站发射雷达信号并跟踪目标方向,同时测量目标距离 R_1 与方位角 θ_T;接收站测量距离 R_2 和与方位角 θ_R。

在早先的试验中,两机均装有地面与其相配合的测距设备以修正惯性导航系统,发射机的位置和速度信息经由数据链传送到接收机。除进行运动补偿外,发射机和接收机之间必须保持相位相参和时间同步,用铷原子钟作为稳定振荡基准。

外军也曾在机载双基地雷达系统中采用另外一种对发射站依赖性较小的办法[48],测量的不同之处在于首先测量照射雷达的脉冲重复周期和频率,然后由接收机分别记录直接路径上和双基地路径上的到达时间,从而得到路程差 $\Delta R = R_1 + R_2 - R_0$;并由两次测向得到 θ_R;同时在扫描天线均匀运转的条件下,接收站在测得发射站的主波束后,由目标发射回波的到达时间推算出 θ_T。

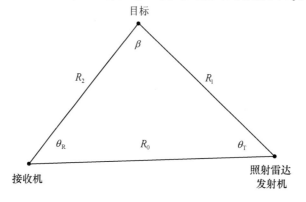

图 7.17　现有机载双基地雷达定位

7.7.3　基本模型

如图 7.18 所示,设双机沿同一直线等高、等距、等速飞行,设 S_1 为主站,同时具有测距、测向和测频功能,S_2 为副站,仅具有测频功能。两机载站中有一架载机可兼作机载发射站,也可另外采用一架载机作为发射站,由此构成了一个机载多基地雷达探测系统。

如果使两载机左右平行同向等速、等高、等距飞行,就能对载机正方向的机动目标实现定位探测。本节仅给出了两机前后等距同向飞行时的定位解析计算公式。

为减少两机间的同步相关性,可采用如下措施:

(1)副站仅是实时向主站转发所测得的频率,由主站测量与计算副站的多普勒频移,且必须适当考虑副站的转发时延。

(2)假定两机保持平稳飞行状态,由主站用机载相关测量设备间隙探测并得到与副站之间的基线距离 和方向,以基线方向为探测机动目标的基准方向。

(3)在主站探测得到目标的径向距离 r_1 和相对方位 θ_1 之后,利用三角函数

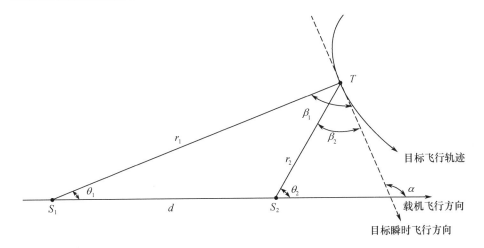

图 7.18　基于测频—测向的机载双基地雷达定位

关系计算得到副站与目标的径向距离 r_2 和相对方位 θ_2，即

$$r_2 = \sqrt{r_1^2 + d^2 - 2dr_1\cos\theta_1} \tag{7.84}$$

$$\theta_2 = 180° - \arcsin\left(\frac{r_1\sin\theta_1}{r_2}\right) \tag{7.85}$$

考虑了目标飞行速度后的各机载站的多普勒频移方程为

$$\lambda f_{di} = v_P\cos\theta_i + v_T\cos\beta_1 \tag{7.86}$$

式中：v_P 为载机的飞行速度；v_T 为目标的移动速度；β_i 为目标端在相应径向距离和目标瞬时飞行方向之间的前置角。

由图 7.18 所示几何关系，将内、外角之间的几何关系 $\beta_i = \alpha - \theta_i$ 代入式 (7.86)，得

$$\lambda f_{di} - v_P\cos\theta_i = v_T\cos(\alpha - \theta_i) \tag{7.87}$$

式中：α 为在目标的瞬时移动方向与载机飞行方向之间的夹角。

7.7.4　目标的瞬时方向角和前置角

两站间的多普勒频移方程之比为

$$\frac{\lambda f_{d1} - v_P\cos\theta_1}{\lambda f_{d2} - v_P\cos\theta_2} = \frac{\cos(\alpha - \theta_1)}{\cos(\alpha - \theta_2)} \tag{7.88}$$

设 $p_v = (\lambda f_{d1} - v_P\cos\theta_1)/\lambda f_{d2} - v_P\cos\theta_2$，从上式即可解出机动目标的瞬时方向角：

$$\tan\alpha = \frac{p_v\cos\theta_2 - \cos\theta_1}{\sin\theta_1 - p_v\sin\theta_2} \tag{7.89}$$

模拟计算表明瞬时方位角存在模糊性,为克服模糊性,一种实际探测方法是系统连续探测若干次,判断出被测目标大致移动方向,然后按图 7.19 由虚线所划分的区域用相应公式计算瞬时方位角。

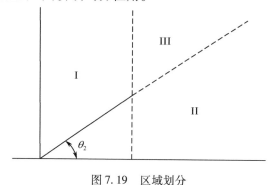

图 7.19　区域划分

对应于 I 区的瞬时方位角按式(7.89)计算,且目标端相对于径向距离的前置角为

$$\beta_i = \alpha - \theta_i \tag{7.90}$$

对应于 II 区的瞬时方位角为

$$\alpha_{\text{II}} = 180° + \alpha \tag{7.91}$$

前置角为

$$\beta_i = 180° + \alpha - \theta_i \tag{7.92}$$

对应于 III 区的瞬时方位角为

$$\alpha_{\text{III}} = \alpha - 180° \tag{7.93}$$

前置角为

$$\beta_i = \alpha - 180° - \theta_i \tag{7.94}$$

7.7.5　目标的运动速度和加速度

由多普勒频移方程可得出速度:

$$v_{\text{T}} = \left| \frac{\lambda f_{\text{d}i} - v_{\text{P}}\cos\theta_i}{\cos\beta_i} \right| \tag{7.95}$$

由频差方式也可得到速度公式:

$$v_{\text{T}} = \left| \frac{\lambda \Delta f_{\text{d}} - v_{\text{P}}(\cos\theta_1 - \cos\theta_2)}{\cos\beta_1 - \cos\beta_2} \right| \tag{7.96}$$

对速度微分即可得到被测目标的加速度:

$$a_{\mathrm{T}} = \frac{1}{\cos^2\beta_i} \left[\left(\lambda \dot{f}_{\mathrm{d}i} + \omega_{\theta i} v_{\mathrm{P}} \sin\theta_i + \left(\lambda f_{\mathrm{d}i} - v_{\mathrm{P}} \cos\theta_i \right) \omega_{\beta i} \sin\beta_i \right] \right. \qquad (7.97)$$

或：

$$a_{\mathrm{T}} = \frac{1}{\left(\cos\beta_1 - \cos\beta_2 \right)^2} \left\{ \begin{array}{l} \left(\cos\beta_1 - \cos\beta_2 \right) \left[\lambda \left(\dot{f}_{\mathrm{d}1} - \dot{f}_{\mathrm{d}2} \right) - v_{\mathrm{P}} \left(\omega_{\theta 2} \sin\theta_2 - \omega_{\theta 1} \sin\theta_1 \right) \right] \\ - \left(\omega_{\beta 2} \sin\beta_2 - \omega_{\beta 1} \sin\beta_1 \right) \left[\lambda \Delta f_{\mathrm{d}} - v_{\mathrm{P}} \left(\cos\theta_1 - \cos\theta_2 \right) \right] \end{array} \right\}$$

$$(7.98)$$

式中

$$\omega_{\theta i} = \frac{v_{\mathrm{P}} \sin\theta_i}{r_1}, \omega_{\beta i} = \frac{v_{\mathrm{T}} \sin\beta_i}{r_i}$$

7.7.6 速度矢量的模拟验证

为验证直接测向公式的准确性,采取用理论值取代测量值的方式进行了数学模拟计算。预先设定信号波长 λ、两机间的基线长度 d、载机与目标的移动速度 v_{P} 及 v_{T},主站的径向距离 r_1 和相对方位角度 θ_1,并使目标端的前置角 β_1 在规定的区域内连续变化。

然后,由三角函数关系依次解算出副站的径向距离 r_2 和相对方位角度 θ_2。进一步计算得到相对于径向距离 r_2 的前置角 β_2,并由内、外角关系直接得到目标的瞬时移动方向 α。

在此基础上,得到对应于各个径向距离的多普勒频移的理论值。然后由各个测算公式解出目标移动的瞬时方位角、径向距离和目标的速度,并与相应的理论值比较得到相对计算误差。

在未做说明的情况下,所取的参量值:阵列基线的长度 $d = 1\mathrm{km}$;主站的径向距离 $r_1 = 100\mathrm{km}$;主站的相对方位 $\theta_1 = 45°$;载机的移动速度 $v_{\mathrm{P}} = 100\mathrm{m/s}$;目标的移动速度 $v_{\mathrm{T}} = 200\mathrm{m/s}$;探测信号的波长 $\lambda = 0.5\mathrm{m}$。

模拟测算表明:①所有推导出的测算公式都被验证是正确的;②相对计算误差曲线与波长和速度的大小无关;③当基线长度小于 10m 时,仍能至少获得小于 10^{-5} 量级的相对计算误差;④仅在测向角趋于阵列的轴线方向时存在奇异性;⑤式(7.95)的相对计算误差曲线具有更好的平滑性。

对不同基线长度和不同径向距离的模拟计算表明,相对计算误差曲线并无特别值得描述的特性。图 7.20 给出了机动目标的瞬时方位角和速度矢量的相对误差对比曲线。从图中可见,尽管瞬时方位角具有模糊性,但速度矢量的解在前置角 360°的变化范围内是有效正确的,且模拟计算还验证了除在基线的轴线方向上,整个主站相对方位角的变化范围内,速度解析式也是正确的。

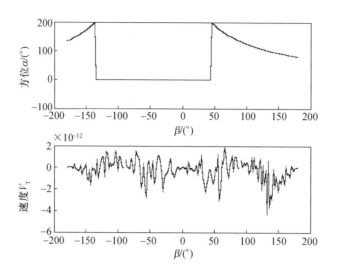

图7.20 计算误差曲线:瞬时方位角和速度矢量的对比

7.7.7　小结

由于多普勒频移同时是位置和运动状态的函数,故同时采用多普勒—测向技术的双机探测系统能够实时探测得到机动目标的瞬时移动方向和速度矢量。

多普勒频移—测向组合探测方法也适用于有源定位系统。此时,如果再增加一个发射站,整个系统就成为一个多基地雷达探测系统,且探测系统的定位过程与发射站基本无关,仅波长是确定已知的。事实上,新的方法可以直接利用现有的雷达网改建,从而使电子侦察和雷达网融为一体。

多普勒频移—测向组合探测方法还适用于对可合作机动目标的定位,此时由于波长是已知量,故定位公式的推导过程将会更简单。

◾ 7.8　利用位置未知外辐射源实现
双站无源定位的方法

7.8.1　概述

外辐射源定位是一种利用第三方辐射源信号(如调频广播电台、电视台、移动通信基站和导航卫星等发出的信号)作为照射源,仅依靠被动接收目标的反射信号实现对目标探测的方法。由于自身并不向外辐射电磁波能量,所以外辐射源定位系统具有成本低、不易被发现、能抗干扰以及抗摧毁等许多性能,是目前国内外关注度非常高的一个研究方向。

迄今为止,借助外辐射源的无源定位法,无论是单站外辐射源定位,还是多站外辐射源定位,都必须事先知道辐射源与接收站之间的基线长度,且对于多站无源定位还必须知道各站之间的基线长度[49-51]。在实际应用中,许多情况下外辐射源与探测站之间的距离往往无法实时准确获得,同时,对有实时测量要求的机动型探测站点,多站之间的距离往往也是难以快速准确测定的。

本节研究并给出两种借助外辐射源的双机协同定位法,其显著的特点是既不需要知道探测站与辐射源之间的基线长度,也不需要知道双机之间的基线长度。

7.8.2　T－R 双基站的解析算法

根据图 7.21 所示的模型,由 T－R 双基站在接收站点处所测得的时差,可列出时差关系式:

$$\Delta T = \Delta T_{r0} + \Delta T_{r1} - \Delta T_{d} \tag{7.99}$$

式中:ΔT_{r0}、ΔT_{r1} 和 ΔT_{d} 分别为对应于距离 r_0,r_1 和 d 的时间差。

式(7.99)两边同乘光速 c 可得到距离和方程:

$$c\Delta T + d = r_0 + r_1 \tag{7.100}$$

根据图 7.21 所示的几何关系,利用接收站点处的测向结果,由余弦定理可得

$$r_0^2 = r_1^2 + d^2 - 2r_1 d\cos\theta \tag{7.101}$$

将距离和方程式(7.100)代入,消去发射站到目标的距离 r_0 可得

$$\left[(c\Delta T + d) - r_1 \right]^2 = r_1^2 + d^2 - 2r_1 d\cos\theta \tag{7.102}$$

展开简化后,接收站到目标的距离解析解为

$$r_1 = \frac{(c\Delta T + d)^2 - d^2}{2\left[(c\Delta T + d) - d\cos\theta \right]} \tag{7.103}$$

如将目标与接收站点之间的距离消去,则有

$$r_0 = \frac{(c\Delta T + d)^2 + d^2 - 2(c\Delta T + d) d\cos\theta}{2\left[(c\Delta T + d) - d\cos\theta \right]} \tag{7.104}$$

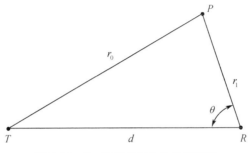

图 7.21　T－R 双基定位的几何模型

7.8.3 最小差值匹配法

7.8.3.1 基本原理

借助于外辐射源的单站无源定位可等效转化为 $T - R$ 双基定位求解问题,且如果同时存在两个探测平台,各自通过时差和方位测量目标的距离,则在某一瞬间辐射源和目标之间的距离应是唯一相同的量。

基于这样的思路,如将辐射源和目标之间径向距离解析式中所包含的基线长度看成一个可变参量,通过采用历经所有可能的基线长度的方式,则在得到的径向距离序列中将唯一包含一个最接近于实际径向距离的准确值。基于这样的事实,如果将借助外辐射源的双机无源定位系统看成两个 $T - R$ 双基地定位系统的叠加,则采用历经所有可能基线长度的方式同时得到两个径向距离序列。因为距离准确值是唯一相同的,故只要搜寻两组距离序列差值的最小值,即可确定出外辐射源与目标之间的径向距离。随后利用三角函数和已知条件即可求得探测站与目标之间的径向距离。

7.8.3.2 定位模型

对于图 7.22 所示的双机协同定位,T 表示外辐射源,R_i 表示机载站,P 表示目标。将每架载机分别与外辐射源构成一个 $T - R$ 双基定位系统,在已测定时差和方位角的情况下,根据上一节的分析结果可分别得到外辐射源与目标之间的距离分别为

$$r_{01} = \frac{(c\Delta T_1 + d_1)^2 + d_1^2 - 2(c\Delta T_1 + d_1)d_1\cos\theta_1}{2[(c\Delta T_1 + d_1) - d_1\cos\theta_1]} \tag{7.105}$$

$$r_{02} = \frac{(c\Delta T_2 + d_2)^2 + d_2^2 - 2(c\Delta T_2 + d_2)d_2\cos\theta_2}{2[(c\Delta T_2 + d_2) - d_2\cos\theta_2]} \tag{7.106}$$

式中:ΔT_i、d_i 和 θ_i 分别为时间差、基线长度和方位角。

7.8.3.3 距离序列的构建

根据所研究的内容,设备载机与外辐射源的距离都是未知的,并且两机之间的距离也是未知的。将外辐射源与各载机之间的基线长度看作人为设定的变量,按一定的间隔有规律取值,由式(7.105)和式(7.106)分别计算径向距离 r_0,由此可获得两个距离序列:

$$r_{01}(k) = \frac{(c\Delta T_1 + d_{1k})^2 + d_{1k}^2 - 2(c\Delta T_1 + d_{1k})d_{1k}\cos\theta_1}{2[(c\Delta T_1 + d_{1k}) - d_{1k}\cos\theta_1]} \tag{7.107}$$

$$r_{02}(k) = \frac{(c\Delta T_2 + d_{2k})^2 + d_{2k}^2 - 2(c\Delta T_2 + d_{2k})d_{2k}\cos\theta_2}{2[(c\Delta T_2 + d_{2k}) - d_{2k}\cos\theta_2]} \tag{7.108}$$

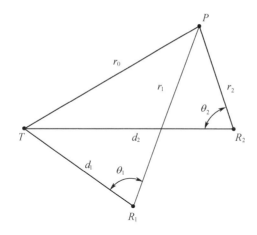

图 7.22　借助时差—方位测量的双机外辐射定位模型

7.8.3.4　最小差值法

通过循环计算获得两个距离序列之间的所有差值：

$$\delta r(k_1,k_2)=r_{01}(k_1)-r_{02}(k_2) \tag{7.109}$$

然后利用 Matlab 函数求解得到其中的最小差值 $\min[\min(\delta r)]$。同时利用 Matlab 函数获得对应于最小值的序列号：

$$[k_1,k_2]=\mathrm{find}(v=\min[\min(\delta r)]) \tag{7.110}$$

根据序列号即可查询出所对应的径向距离值，同时能查询得到外辐射源与各个探测站之间的基线长度。

模拟计算表明研究思路是正确的，因算法较为简单，故没有给出具体的计算实例。一般而言，只要基线长度取值恰当，就能找到准确度足够高的径向距离值。初步的模拟分析表明，如基线长度间隔取得过小，就可能会出现无正确解的状况。

7.8.4　双重测向法

7.8.4.1　基本方程

根据 T – R 双基站模式，如图 7.23 所示，利用辐射源的直射和经目标的间接反射，两个探测站分别通过时差测量可获得两个距离和方程：

$$c\Delta T_1+d_1=r_0+r_1 \tag{7.111}$$

$$c\Delta T_2+d_2=r_0+r_2 \tag{7.112}$$

进一步两站分别对目标和辐射体进行测向，由正弦定理可获得如下四个距离方程：

$$r_1 = \frac{d_0 \sin\beta_2}{\sin(\beta_1 - \beta_2)} \tag{7.113}$$

$$r_2 = \frac{d_0 \sin\beta_1}{\sin(\beta_1 - \beta_2)} \tag{7.114}$$

$$d_1 = \frac{d_0 \sin\theta_2}{\sin(\theta_1 - \theta_2)} \tag{7.115}$$

$$d_2 = \frac{d_0 \sin\theta_1}{\sin(\theta_1 - \theta_2)} \tag{7.116}$$

式中:d_0为两站之间的基线距离;β_i为在目标到探测站的距离和两站基线之间的夹角;θ_i为在辐射源到探测站的距离和两站基线之间的夹角。

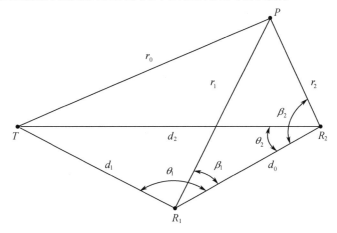

图 7.23　借助双重测向的双机外辐射定位模型

7.8.4.2　解析原理

式(7.111)和式(7.112)相减,得

$$c(\Delta T_1 - \Delta T_2) = r_1 - r_2 + d_2 - d_1 \tag{7.117}$$

将式(7.113)~式(7.116)代入式(7.117)得

$$c(\Delta T_1 - \Delta T_2) = d_0 \left[\frac{\sin\beta_2 - \sin\beta_1}{\sin(\beta_1 - \beta_2)} + \frac{\sin\theta_1 - \sin\theta_2}{\sin(\theta_1 - \theta_2)} \right] \tag{7.118}$$

由此解得两站间的基线距离为

$$d_0 = \frac{c(\Delta T_1 - \Delta T_2)}{\dfrac{\sin\beta_2 - \sin\beta_1}{\sin(\beta_1 - \beta_2)} + \dfrac{\sin\theta_1 - \sin\theta_2}{\sin(\theta_1 - \theta_2)}} \tag{7.119}$$

一旦求出 d_0,就可解出目标与辐射源的距离。

7.8.5　小结

现有的多机协同定位一般需要借助卫星定位等方式确定出载机之间的距离,如基线长度未知,则将因缺乏条件而无解。本节提出的新方法不需要知道载机之间的距离,这样的工作方式具有很强的抗打击能力,能在缺乏导航定位设施的情况下工作。严格而言,因采用时差测量方式,故双机之间需要时间同步。由此才能保证测量精度。如果不需要时间同步,就是真正的双机非协同定位。

现有的借助外辐射源的无源定位通常需要知道探测平台与外辐射源之间的距离,如果辐射源是移动的或是非己方的,则距离是难以获得的。本节给出的新方法避免了探测平台对外辐射源距离的探测。与此同时,还得到外辐射源的位置。这也为更好地利用外辐射源,或者必要的时候摧毁外辐射源提供了技术支持。

从纯理论研究分析的角度,本节利用两种不同的定位算法从原理上说明,应用两个探测站就能在既不知道双站间距离也不知道辐射源与探测站之间的距离的情况下实现无源定位。

参考文献

[1] 刘金星,佟明安. 双机编队协同战术的实现[J]. 系统工程与电子技术, 2003,25(5): 539 - 541.

[2] 王本才,张国毅. 对地面固定辐射源的机载双站无源定位配置[J]. 舰船电子对抗, 2007,30(4):15 - 18.

[3] 赵星辰,吴军,彭芳,等. 联合空战中一种基于双机配合的无源定位方法研究[J]. 传感器与微系统, 2012, 31(6):18 - 21.

[4] 胡宁,吴华,王星,等. 双机交叉定位误差及配置距离最优化协调分析[J]. 火力与指挥控制,2013,38(1):40 - 44.

[5] 陈澎,译. 用于辐射源地理定位的无人机组网技术[J]. 电子侦察干扰,2009(1): 46 - 51.

[6] 王本才,张国毅. 对地面固定辐射源的机载双站无源定位配置[J]. 舰船电子对抗, 2007,30(4):15 - 18.

[7] 张正明,杨绍全. 多普勒频率差定位技术研究[J]. 西安电子科技大学学报,1999,27(6):786 - 789.

[8] 冯天军. 双机时差—频差组合定位研究[D]. 长沙:国防科学技术大学,2008.

[9] 孙仲康,郭福成,冯道旺. 单站无源定位跟踪技术[J]. 北京:国防工业出版社,2008.

[10] 陆安南. 双机 TDOA/DD 无源定位方法[J]. 电子科技大学学报, 2006,35(1):17 - 20.

[11] 冯天军. 双机时差 - 频差组合定位研究[D]. 长沙:国防科学技术大学,2008.

[12] 侯燕. 无源时差频差定位方法的研究[D]. 南京:南京理工大学, 2007.

[13] 崔弘珂,王玉林. 三机时差频差联合定位精度分析[J]. 无线电工程, 2011,41(7): 21 - 23.

[14] 姜超. 基于干涉仪测向的机载单站无源定位系统研究与应用[D]. 上海:复旦大学,2008.

[15] 关欣,陶李,衣晓. 双站机载测向定位最优布站分析[J]. 科学技术与工程, 2016, 16 (15):119 - 123.

[16] 杨忠. 一种基于干涉仪体制的机载测向技术研究[J]. 无线电工程,2010, 40(12):58 - 60.

[17] 张彦华,管振辉,周希郎. 基于概率估计的舰载 DOA 无源定位的仿真[J]. 计算机仿真, 2005,22(10):8 - 11.

[18] 唐涛,栾鹏程,吴瑛. 基于 DOA 的无源定位算法[J]. 电路与系统学报, 2008,13(3): 140 - 144.

[19] 曾钰. 机动目标无源测向定位系统的算法分析与仿真研究[D]. 太原:中北大学,2011.

[20] Fletcher F,Ristic B,Musicki D. Recursive estimation of emitter location using TDOA measurements from two UAVs[C]. 10th International Conference on Information Fusion, 2007.

[21] Okello N, Musicki D. Emitter geolocation with two UAVs[C]. IEEE Information, Decision and Control, 2007.

[22] Peach N. Bearings - only tracking using a set of range parameterized extended kalman filter [J]. IEEE Proc. Control Theory AppL 1995,142(1):73 - 80.

[23] 刘金星,佟明安. 双机编队协同战术的实现[J]. 系统工程与电子技术,2003(5): 539 - 542.

[24] 赵星辰,吴军,彭芳. 联合空战中一种基于双机配合的无源定位方法研究[J]. 传感器与微系统,2012,31(6):18 - 21.

[25] 朱剑辉,方洋旺,张平,等. 双机协同定位误差分析的研究[J]. 电光与控制, 2012,19 (6):21 - 25,31.

[26] 陆安南. 双机 TDOA/DD 无源定位方法[J]. 电子科技大学学报,2006,35(1):17 - 20.

[27] 丁静. 一种用时差频差对地面辐射源定位的新方法[J]. 无线电工程, 2004,34(8): 63,64.

[28] 朱庆和. 论对机动目标的有效打击[J]. 情报指挥控制系统与仿真技术,2003(3): 48 - 56.

[29] 侯俊利. 一种机动目标定位方法的仿真计算[J]. 电子对抗技术, 2002,17(5):35 - 40.

[30] 安志忠,王东进. 多站雷达中机动目标高精度跟踪分析[J]. 系统工程与电子技术, 2004,26(1):14 - 17.

[31] 刘凯,苗艳,袁富宇. 用于纯方位机动目标跟踪的机动探测法[J]. 指挥控制与仿真, 2006,28(2):30 - 34.

[32] 徐洪奎,王东进,陈卫东. 组网雷达系统对于高加速机动目标的精确跟踪研究[J]. 系统工程与电子技术, 2006,28(9):1365 - 1369.

[33] 叶斌,李瑞棠,李红艳. 雷达网目标速度向量测量及其在跟踪中的应用[J]. 西安电子

科技大学学报,1999,26(2).

[34] 范红旗,王胜,付强. 目标机动检测算法综述[J]. 系统工程与电子技术,2009,31(5):1064-1070.

[35] 韩红,陈兆平,焦李成. 基于模糊推理的机动目标跟踪[J]. 系统工程与电子技术,2009,31(3):541-544.

[36] 刘高峰,顾雪峰,王华楠. 强机动目标跟踪的两种MM算法设计与比较[J]. 系统仿真学报,2009,21(4):965-968.

[37] 潘平俊,冯新喜,赵晓明. 机动目标模型研究与发展综述[J]. 指挥控制与仿真,2006,28(3):12-15.

[38] 嵇成新,许江湖,陈康. 跟踪机动目标的多模型算法进展[J]. 系统工程与电子技术,2003,25(7):882-885,888.

[39] 许江湖,张永胜,嵇成新. 机动目标建模技术概述[J]. 现代雷达,2002,24(5):10-15.

[40] 王向华,覃征,杨新宇,等. 基于多次卡尔曼滤波的目标自适应跟踪算法与仿真分析[J]. 系统仿真学报,2008,20(23):6458-6460,6465.

[41] 王成,胡卫东,郁文贤. 空基双基地雷达地杂波建模及特性分析[J]. 现代雷达,2004,26(9):33-37.

[42] 王喜,王更辰. 机-机双基地雷达若干关键技术研究[J]. 电光与控制,2009,16(7):45-48.

[43] 朱敏,游志胜,聂键苏. 双(多)基地雷达系统中的若干关键技术研究[J],现代雷达2002(6):1-5.

[44] Bovey C K, Horne C P. Synchronisation aspects for bistatic radars[J], IEEE International Conference Radar,1987:22-25.

[45] 刘晓春. 双基地雷达在机载领域里的应用[J]. 航空科学技术,1999(5):32-34.

[46] 占荣辉,王玲,万建伟. 基于方位角和多普勒的机动目标无源定位跟踪可观测条件[J]. 国防科学技术大学学报,2007,29(1):54-58.

[47] 王伟伦,梁同京. 机载双基地雷达目标距离测定[J]. 西北工业大学学报,1997,15(1):131-134.

[48] 王槐年. 双基地雷达在被动系统中的应用[J]. 现代防御技术,1990(5):68-76.

[49] 李晶,李冬海,赵拥军. 利用角度和时差的单站外辐射源定位方法[J]. 武汉大学学报,2015,40(2):227-232.

[50] 于钦添,彭华峰,孙正波. 多元外辐射源单站时差定位技术[J]. 电讯技术,2015,55(1):80-85.

[51] 赵勇胜,赵闯,赵拥军. 利用TDOA和FDOA的单站多外辐射源目标定位算法[J]. 四川大学学报,2016,48(增刊1):170-177.

主要符号表

a_r	径向加速度
d	基线长度
f_{di}	多普勒频移
n_i	波长整周数
r	径向距离
T	时间
v_c	光速
v	移动速度
v_r	径向速度
v_t	切向速度
α	航向角
β_i	目标的前置角
Δf_d	多普勒频差
$\Delta n_i = n_i - n_{i+1}$	波长整周数差值
Δr	相邻两基线的程差
Δt	时差
$\Delta \varphi_i = \varphi_i - \varphi_{i+1}$	两阵元之间的相差
φ	目标方位角
ϕ_i	相移
λ	波长
θ	目标到达角
$\dfrac{\partial \Delta \phi_i}{\partial t}$	相差变化率
$\dfrac{\partial \phi_i}{\partial t}$	相移变化率
σ	均方根误差
$\omega = \partial \theta / \partial t$	角速度